Eva Schumann

Paprika & Chili

erfolgreich anbauen

Ulmer

Ein Augen- und Gaumenschmaus

Die schönen Früchte in leuchtenden Farben von Chili, Paprika & Co. bieten dem Gaumen fruchtig pikante bis höllisch scharfe Genüsse. Es gibt sie in vielen Sorten und sie lassen sich ganz einfach selbst anbauen, verarbeiten und haltbar machen.

Aus eigenem Anbau frisch auf den Tisch

Chili, Paprika und ihre Verwandten kann man im Garten, auf dem Balkon, im Gewächshaus oder sogar in fensterlosen Räumen mit Kunstlicht anbauen. Wenn man weiß wie, dann ist der Anbau ganz einfach – egal ob im Beet, in Pflanzerde im Topf oder Kübel oder in erdeloser Kultur.

In diesem Buch finden Sie spannendes Hintergrundwissen, lernen die Sorten kennen und erhalten fachkundige Anleitungen zum Anbau, zur Verarbeitung und zur Haltbarmachung.

Die Autorin, Eva Schumann

Sie ist Gartenbau-Ingenieurin (FH) mit Schwerpunkt Gemüsebau und langer Erfahrung im biologischen Pflanzenschutz. Aber sie ist auch leidenschaftliche Hobbygärtnerin und baut seit Jahren mit Begeisterung scharfe Schoten an. Der schonende Umgang mit der Natur und der ökologische Anbau liegen ihr besonders am Herzen.

Inhalt

Chili, Paprika & Co.

Pikant gefüllte Paprikaschoten, sauer eingelegte Peperoni auf der Pizza und feurige Chilisoßen zu Gegrilltem sind aus unserer Küche nicht mehr wegzudenken. Doch es war ein langer Weg für die Neuankömmlinge, bis sie zu unseren beliebtesten Gemüsen wurden.

Der Weg der scharfen Schoten

Chili und seine Verwandten waren wichtige Nutzpflanzen der altamerikanischen Kulturen und bis zum 15. Jahrhundert, als Kolumbus Amerika „entdeckte“, gab es sie nur im südlichen Amerika. Doch inzwischen erobern sie die ganze Welt.

Pflanzen der Ureinwohner Mittel- und Zentralamerikas

Schon Tausende von Jahren wurden Chilifrüchte von den Ureinwohnern Süd- und Mittelamerikas genutzt. Vermutlich seit etwa 7 500 v. Chr. sammelten sie die Früchte wild wachsender Chili, etwa 5 200 v. Chr. begannen sie, die Pflanzen zu kultivieren und durch Selektion Sorten zu entwickeln.

Olmeken (Mexiko ab 1 500 v. Chr.), Maya (Mexiko 300 bis 900 n. Chr.), Tolteken (Mexiko 10. bis 12. Jahrhundert), Azteken (Mexiko ab 1 200 n. Chr.) und Inkas (von Ecuador bis Chile und Argentinien 13. bis 16. Jahrhundert) – sie alle nutzten Chilifrüchte, um Speisen Würze und Schärfe zu verleihen und die Haltbarkeit von Lebensmitteln zu verlängern.

Die Azteken hatten ihre Blütezeit in Mexiko im 15. und Anfang des 16. Jahrhunderts n. Chr., also zu der Zeit als Kolumbus und nach ihm die spanischen Eroberer ins Land kamen. Die Azteken verwendeten rote oder gelbe Chilifrüchte für fast alle Gerichte – auch für ihr Schokoladengetränk „cacahuatl“.

Als sich Kolumbus 1492 mit der Santa Maria und zwei Begleitschiffen über das Meer nach Westen aufmachte, war er auf der Suche nach einem neuen Handelsweg, durch den Spanien unter anderem eine Vormachtstellung im Gewürzhandel erlangen sollte – denn Gewürze waren damals sehr kostbar. Als er nach wochenlanger Seefahrt Land fand, glaubte er, Ostasien erreicht zu haben. Doch er war in Amerika, genauer: auf einer Insel der Bahamas, angekommen.

Die ältesten Chilis

Die Früchte der Urformen (Tepin, Chiltepin) waren klein und standen aufrecht von den Pflanzen ab. Sie waren ein Leckerbissen für Vögel, denn diesen konnte die Schärfe nichts anhaben; sie pickten die ganze Frucht auf und schieden die enthaltenen Samen andernorts wieder aus. Sie sorgten als Erste für die Verbreitung der Chilis.

Am 12. Oktober 1492 betrat Christoph Columbus zum ersten Mal die neue Welt, die er bis zu seinem Tod 1506 für Indien hielt.

Auf der Weiterfahrt entdeckte Kolumbus Kuba und Hispaniola (Antilleninsel), aber erst bei späteren Reisen betrat er Festland. In den Aufzeichnungen der zweiten Fahrt in die neue Welt wird die neue Pflanzengattung mit den scharfen Früchten erwähnt.

Chili, Paprika & Co. erobern die Welt

Mit der „Entdeckung" Amerikas durch Kolumbus begann die Reise von Chili, Paprika & Co. um die ganze Welt. Die Spanier hatten die Früchte mit den Samen auf die Iberische Halbinsel gebracht, die Portugiesen nahmen sie erst mit nach Afrika und Indien, später nach China, Korea, Japan und auf die Philippinen. Zur Zeit des Osmanischen Reiches im 16. und 17. Jahrhundert sorgten die Türken dafür, dass sie im östlichen Europa bekannt wurden. Im 17. Jahrhundert, als sich die Niederlande zur führenden Handels- und Seemacht entwickelten, wurden die exotischen Früchte, die ihre Handelsflotten mit nach Hause brachten, nicht nur importiert, sondern auch angebaut und weitergezüchtet. Fast überall, wo es das Klima zuließ, wurden die Schoten bald angebaut.

Mit den Sklavenschiffen aus Afrika und den mehr oder weniger freiwilligen Einwanderern aus aller Welt kamen Chili und Paprika als Bestandteile vieler neuer Gerichte zurück nach Amerika. Teilweise blieb der Charakter der Küche der Importländer erhalten, teils verschmolz sie mit der Küche anderer Kulturen. Auf diese Weise entstand beispielsweise die Cajun-Küche, die durch die Verbindung von französischer Küche, afrikanisch-karibischer Kochkunst und der Esskultur der amerikanischen Ureinwohner entstanden ist.

Ungarische Paprika beim Trocknen in Kalocsa/Ungarn.

Fruchtige Eroberer

Chili, Paprika & Co. haben inzwischen mit ihrem Geschmack, ihrem Gesundheitswert und ihrer besonderen Vielfältigkeit die Welt erobert. Bei uns gehört der milde Gemüsepaprika zu den beliebtesten Gemüsearten, aber immer mehr trauen sich – auch über die exotischen Rezepte anderer Länder – an die scharfen Früchte heran.

Chili, Paprika & Co. sind heute ein wichtiger Bestandteil vieler Landesküchen und sind oft prägend für das Selbstverständnis. Beispiele sind:

Ungarn: Paprika spielt eine zentrale Rolle in der ungarischen Küche. Beispielsweise werden frische Gemüsepaprika, frische Chilis und Paprikapulver mit Weißkraut und/oder Kartoffeln, Bohnen sowie Fleisch kombiniert. Der ungarische Mediziner, Biochemiker und Nobelpreisträger (1937) Dr. Albert von Szent-György Nagyrápolt isolierte Vitamin C aus Pflanzen- und Gewebeextrakten und entdeckte den hohen Gehalt an Vitamin C von Paprika. Ungarisches Paprikapulver ist weltweit bekannt und wird pur sowie als Bestandteil vieler ungarischer Spezialitäten wie ungarische Salami exportiert.

Spanien: Spanien steht nach China, Mexiko, Türkei und Indonesien an fünfter Stelle der größten Paprika- und Chiliproduzenten weltweit und bei den Exportländern sogar an zweiter. Sowohl die frischen Früchte als auch das Pulver sind Bestandteil vieler traditioneller spanischer Gerichte wie Gazpacho aus Andalusien, Reis aus Alicante, valencianische Paella und grüne Bohnen spanischer Art.

Indien: Chili wird in Indien in vielen Sorten angebaut. Chili ist ein wichtiger Bestandteil von Curry, der typisch indischen Gewürzmischung, die es als Gewürzpulver oder -paste gibt. 2006 wurde 'Bhut Jolokia', eine Landsorte aus dem Nordosten Indiens, als schärfster Chili ins Guinnessbuch der Rekorde aufgenommen (inzwischen musste der Titel weitergereicht werden).

Thailand: Chili und Gemüsepaprika sind heute ein fester Bestandteil der thailändischen Küche. Beide findet man beispielsweise in den scharfen Suppen, köstlichen Thai-Currys und anderen Landesgerichten. In Thailand werden vor allem Thai-Bird's-Eye-Chilis in Grün oder Rot verwendet. Sie sind extrem scharf und ihre Schärfe hält lange an.

Mexiko: Mexiko ist die Heimat vieler Pflanzen, die sich um die ganze Welt verbreitet haben. Dazu gehören Schokolade, Avocado, Tomaten, Chili und Mais. Die heutige mexikanische Küche enthält präkolumbianische, spanisch-koloniale, spanische, französische, arabische und karibische Elemente. Dabei ist der Einfluss der spanischen Küche im Norden besonders groß, während sich im Süden die ursprünglichen Traditionen stärker behauptet haben. Das mexikanische Nationalgericht Mole Poblano basiert auf einer Soße aus ungesüßter Schokolade, pürierten Chilifrüchten und weiteren Zutaten, mit der Hühnerfleisch zubereitet wird.

Chilischoten auf einem Markt in Myanmar (Südostasien).

USA: Manche Gegenden der USA sind bekannt für ihren Chilianbau wie New Mexico und Kalifornien, andere für den Paprikaanbau wie ebenfalls Kalifornien, Florida und Georgia. Der derzeit schärfste Chili der Welt, der Hybrid 'Carolina Reaper', wurde in South Carolina/USA gezüchtet. Aus den USA stammen auch der Tabasco und viele andere scharfe Chiliwürzsoßen. Die Tex-Mex-Küche entwickelte sich in Texas durch Einflüsse aus Mexiko – kennzeichnend ist der Gebrauch von Chilis, anderen scharfen Gewürzen, Fleisch und Bohnen. Das bekannteste Gericht der Tex-Mex-Küche ist Chili con Carne.

Begehrte Früchte

Die Früchte von Pflanzen aus der Paprika-Gattung haben inzwischen weltweit Bedeutung als Gemüse (roh, gekocht, sauer eingelegt), Gewürz (roh, getrocknet für die Gewürzmühle, Paprikapulver, Würzsoßen und -pasten), in der Heilkunde und zur Verteidigung (Spray) erlangt.

Produktion weltweit

Weltweit wurden 2013 31 116 944 t Paprika und Chili produziert.

Paprika- und Chiliproduzenten 2013

Rang	Land	Menge (in t)
1	Volksrepublik China	15 800 000*
2	Mexiko	2 294 400
3	Türkei	2 159 348
4	Indonesien	1 726 382
5	Spanien	999 600
6	USA	889 269
81	Deutschland	7 515

*FAO-Schätzung, (Quelle: Wikipedia)

Exporte weltweit

Manche Länder produzieren hauptsächlich für den Eigenverbrauch, andere auch für den Export. Weltweit wurden laut World's Top Exports im Jahr 2015 Gemüsepaprika und Chilis im Wert von 4,5 Milliarden US-Dollar exportiert, circa 2,4 Milliarden US-Dollar davon entfielen allein auf die Europäische Union (EU) – das entspricht einem Anteil von 52,2 Prozent. Nordamerika folgt mit einem Anteil von 31,2 Prozent und Asien mit 7,5 Prozent.

Top-Paprika- und Chili-Export-Länder 2015

Rang	Land	Anteil (in %)
1	Niederlande	22,4
2	Spanien	21,4
3	Mexiko	19,0
4	Kanada	7,3
5	USA	4,8
15	Deutschland	0,8
	Summe	91,1

(Quelle: World's Top Exports)

Auch Deutschland hat Feuer gefangen

Paprika gehört mit einem Pro-Kopf-Verzehr von circa 5,9 kg pro Jahr zu den Top-Ten-Lieblingsgemüsen der Deutschen. In Deutschland wurden im Jahr 2014 72 ha Paprika unter Glas angebaut. Der Import an Gemüsepaprika steigt von Jahr zu Jahr: 2008 waren es noch 266114 t aus der EU plus 45131 t aus Drittländern, 2015 betrugen die EU-Importe bereits 356 945 t, dazu kamen die Importe aus Drittländer von 38 875 t (Bundesministerium für Ernährung und Landwirtschaft, BMEL).

Gemüseverzehr in Deutschland 2014/2015

Rang	Gemüse	Verzehrmenge (kg/Kopf)
1	Tomate	24,8
2	Möhren/Rote Beete	8,6
3	Zwiebeln	8,3
4	Gurken	6,8
5	Paprika	ca. 5,9*
6	Weiß-/Rotkohl	5,0
	Gesamt	93,7

* Agrarmarkt Informations-Gesellschaft mbh (2014)
(Quelle: Bundesministerium für Ernährung und Landwirtschaft, BMEL-Statistik.de, vorläufiges Ergebnis)

Farbenfroh und feurig wie die Chilis wirkt auch das Logo des überregional bekannten Chilifestivals in Hatch Valley.

Feurige Feste

Die Begeisterung für die würzig scharfen Früchte wächst – es gibt regen Austausch im Internet sowie Chilierntefeste und Chilifestivals überall auf der Welt. Die Chiliheads – so nennen sich die Chilibegeisterten – haben Chilis zu ihrem Hobby gemacht. Sie tauschen Informationen, Samen und Rezepte aus, organisieren Treffen und Verkaufs-/Ausstellungen.

So wie es bei uns Wein- oder Kartoffelköniginnen gibt, so wird im amerikanischen Chilianbaugebiet Hatch Valley in New Mexiko zur Erntezeit eine Chilifestkönigin gekrönt und ein mehrtägiges Chilifestival gefeiert. Dann fallen 30 000 Besucher in das Dörfchen Hatch ein und es geht rund – neben der offiziellen Krönung und einer Parade gibt es Chiliwettessen, jede Menge Chilispezialitäten zum Probieren, regen Rezepteaustausch, Hufeisenwerfen sowie Livemusik und Einkaufsmöglichkeiten (www.hatchchilefest.com/).

Auch in Kalocsa in Ungarn wird jährlich zur Erntezeit das „rote Gold“ gefeiert. Höhepunkt der Festivitäten sind die Kalocsa Paprikatage und Kochwettbewerbe, die von Tanz-, Musik- und Folkloredarbietungen sowie einer Parade und Feuerwerk begleitet werden (http://puszta.com/eng/programs/cikk/kalocsai_paprika_napok_2007).

Kuss des Feuers

Das englische Wort „hot" in Hot Sauces (scharfe Soßen) bedeutet sowohl „heiß" als auch „scharf". Tatsächlich ist Schärfe keine Geschmacksrichtung wie „süß", „sauer", „bitter" und „salzig", sondern die Nervenenden geben an das Gehirn das Signal für Schmerz: „heiß". Und heiß und wohlig wird es dem Genießer dann auch beim Essen.

Immer mehr Menschen begeistern sich für ausgefallene, scharfe Chilisoßen, viele stellen sie aus Schoten der eigenen Ernte selbst her. Begonnen hat diese Hot-Sauce-Kultur in den USA schon vor 130 Jahren mit der „Tabasco® Brand Pepper Sauce" der Familie McIlhenny in Louisiana, die sie patentieren ließ. Das Geheimnis der Würzsoße ist, dass die gemahlenen Schoten mit Steinsalz vermischt und ein paar Jahre in Eichenfässern gelagert werden, bevor die Soße mit Essig und Salz abgerundet wird.

Seit die scharfen Würzsoßen in den letzten Jahrzehnten immer mehr in Mode kamen, entstanden Tausende scharfe und ausgefallene Kreationen. Und von Jahr zu Jahr kommen schärfere hinzu. Inzwischen gibt es Hot-Sauce-Proben und Hot-Sauce-Sammler (entsprechend den Weinproben und Weinsammlern). Die fantasievollen Namen der scharfen Produkte wie „Hot Lava", „From Hell" und „Kiss of Fire" sind Herausforderungen, die Lust aufs Ausprobieren machen. Doch Vorsicht bei der Dosierung!

In ganz Spanien bekannt sind die kleinen, grünen Chilischoten aus der Gegend um Padron in Galizien. Sie werden gebraten und gesalzen und als Tapas mit Überraschungseffekt genossen, denn gelegentlich ist eine extrem scharfe Schote dabei. Gefeiert werden diese Chilis bei der alljährlichen Pimientos de Padron Fiesta in Herbon am ersten Samstag im August (http://galiciaguide.com/Pimientos-de-padron.html).

Im Baskenland, am Fuße der Pyrenäen, wird alljährlich die Fête du Piment à Espelette gefeiert. Der berühmte Chili von Espelette, Piment d'Espelette, wird feuerrot geerntet und in Ketten getrocknet. Beim Festival werden diese Ketten und andere Produkte der Region verkauft und außerdem baskische Tanzvorführungen sowie Konzerte geboten (www.espelette-paysbasque.com/cote_detente/fete-piment.php).

Chilifestivitäten sind jedoch nicht nur auf Regionen mit kommerziellem Anbau in größeren Dimensionen beschränkt. Chilispezialitäten, Hot Sauces (scharfe Soßen), Samen, Chilipflanzen und viel Spaß für Chililiebhaber ver-

PIMENT D'ESPELETTE A.O.C

sprechen auch die Chilifeste nordamerikanischer Großstädte sowie die britischen Feste, wie beispielsweise das Chilifest in Shoreham by the Sea in Großbritannien (http://www.chillifest.net/shoreham-chilli-fiesta/4557905845) und das Great Dorset Chili Festival in Wimborne St Giles, East Dorset (http://www.greatdorsetchillifestival.co.uk/). Selbst Finnland hat eine Chilivereinigung, die regelmäßig Chilifeste veranstaltet. (http://www.chilifest.fi/).

Wer verträgt die meiste Schärfe?

Vor allem junge Männer beweisen sich gern bei Schärfewettessen. Mal verspeisen die Teilnehmer bei solchen Gelegenheiten Chilischoten frisch oder getrocknet – wobei das Wettessen mit milderen Sorten beginnt und die Schärfe sich von Runde zu Runde steigert. Mal essen sie Zubereitungen wie Brot in Chili-Dip oder Currywurst mit scharfer Soße. Auch dabei beginnen die Wettesser bei niedrigerem Schärfegrad, der dann gesteigert wird, bis nur noch ein Teilnehmer übrig bleibt.

Wer scharfes und schärfstes Essen nicht gewohnt ist, dem kann man von solchen Wettbewerben nur abraten, denn die Auswirkungen von (ungewohnter oder übertriebener) Schärfe reichen von Schweißausbrüchen, Hautrötungen, Bluthochdruck bis zum totalen Kreislaufkollaps – ein Grund, warum bei Schärfewettbewerben ein Arzt oder Sanitäter dabei sein sollte. Auch auf Videoplattformen wie YouTube findet man Schärfewettbewerbe (nach „Chili Challenge“ suchen). Vor allem die Videos, auf denen der ‘Carolina Reaper’, der aktuell schärfste Chili der Welt, getestet wird, sind nichts für schwache Gemüter, denn die Selbstversuche der „Videokünstler und -künstlerinnen“ enden meist in Zusammenbrüchen und/oder Erbrechen.

In der Region um Espelette wird der feuerrote Piment d’Espelette (baskisch: Ezpeletako Biperra) angebaut und getrocknet.

Eine bunte Sippschaft

Vom milden Gemüsepaprika bis zu den höllisch scharfen Chilifrüchten – die Pflanzen gehören alle zur gleichen Pflanzengattung. Die Vielfalt entstand über Jahrtausende – nicht zuletzt durch die gärtnerische und züchterische Tätigkeit des Menschen.

Biologie und Vielfalt

Gemüsepaprika, Chili und all ihre Verwandten gehören zur Pflanzengattung *Capsicum*, die im Deutschen oft mit Paprika übersetzt wird, zu der aber auch Chilis gehören. Die Gattung wiederum gehört wie auch Kartoffeln, Tomaten und Auberginen zur Familie der Nachtschattengewächse. Von Chili, Paprika & Co. sind nur die Früchte zum Verzehr geeignet.

Obwohl die schärferen Chilisorten ähnlich wie Pfeffer „beißen", sind sie mit Pfeffer nicht verwandt. Pfeffer (Gattung *Piper*) ist nämlich kein Nachtschattengewächs wie der Chili, sondern gehört zu den Pfeffergewächsen. Der Gattungsname *Capsicum* weist zudem auf einen wichtigen Inhaltstoff der Chilis hin – das Capsaicin: Durch ihn werden die Chilis scharf. Pfeffer enthält kein Capsaicin, seine Schärfe kommt durch den Inhaltsstoff Piperin zustande.

Wer steckt hinter den Namen?

Scharfe und milde Schoten sind eng miteinander verwandt. Sie gehören botanisch alle zur Gattung *Capsicum*, zu Deutsch **Paprika** (im Englischen *chile* oder *sweet/hot pepper*). In Deutschland spricht man aber auch von Paprika, wenn man die großfrüchtigen, milden **Gemüsepaprika** meint, die mehr oder weniger scharfen Sorten heißen **Chili**.
Gemüsepaprika und viele der Chilisorten gehören zur verbreitetsten Art *Capsicum annuum*, die in deutschen Botanikbüchern als **Spanischer Pfeffer** geführt wird – die Spanier hatten das neue Gewürz, das mit seiner Schärfe an Pfeffer erinnerte, nach Europa gebracht.
Der Begriff **Peperoni** wird im Deutschen ebenfalls für die mehr oder weniger scharfen Chili gebraucht, Schweizer und Südtiroler sagen dagegen zum milden Gemüsepaprika Peperoni, die scharfen Schoten nennen sie **Peperoncini**. Die Österreicher nennen den milden Gemüsepaprika einfach Paprika und die scharfen Schoten bezeichnen sie als **Pfefferoni**.

Zur Gattung *Capsicum* gehören 20 Arten. Für die Gemüse- und Gewürzproduktion sind die folgenden 5 Arten am wichtigsten:

Capsicum annuum

Die meisten der bei uns beliebten Paprika und Chili gehören zur Art *Capsicum annuum*, die auch „Spanischer Pfeffer" genannt wird. Den Artnamenszusatz *annuum* (wörtlich „einjährig") hat sie, weil die Sorten bei uns meist nur über eine Vegetationsperiode bis zum ersten Frost angebaut werden. Im frostfreien Gewächshaus mit Zusatzlicht überstehen die meisten von ihnen jedoch den Winter.

Zu der Art *Capsicum annuum* gehören milde Gemüsepaprikasorten wie 'Blockpaprika', 'California Wonder' und 'Yellow Wax' sowie viele Chilisorten wie 'Anaheim', 'Black Hungarian', 'Jalapeño', Kirschpaprika, 'Poblano' und 'Serrano'.

Capsicum baccatum

Ebenfalls eine wichtige Paprika-/Chiliart ist *Capsicum baccatum*. Ein typisches Kennzeichen sind die behaarten Blätter und die grünlichen Punkte auf den Blütenblättern. Bekannte Sorten dieser Art sind 'Aji Amarillo', 'Aji Yellow', 'Bischofsmütze' (Glockenchili) und 'Lemon Drop'.

Viele Chilisorten kann man im Topf oder Kübel auf Balkon und Terrasse anbauen.

Die Formen- und Farbenvielfalt der Früchte von Chili und Paprika betören das Auge, die geschmackliche Vielfalt hinsichtlich Schärfe und Aroma erfreut den Gaumen.

Capsicum chinense

Zur Art *Capsicum chinense*, die nicht aus China, sondern aus Peru stammt, gehören viele sehr scharfe, fruchtige Sorten wie die vom Typ Habanero beispielsweise '7-Pot', 'Carolina Reaper', 'Chocolate Habanero', 'Habanero Fatalii', 'Red Savina' und 'Trinidad Moruga Scorpion', aber auch 'Barbados', 'Bhut Jolokia', 'Caribbean Red' und 'Scotch Bonnet'.

Capsicum frutescens

Chilipflanzen der Art *Capsicum frutescens* haben meist einen strauchartigen Wuchs, grüne Blüten und ihre Früchte zeigen nach oben. Zu dieser Art gehören bekannte Sorten wie 'Bird's Eye', 'Malagueta', 'Piri Piri', 'Prik kee nu' (Thai-Chili) und 'Tabasco'.

Capsicum pubescens

Die Art *Capsicum pubescens* hat behaarte Blätter, violette Blüten und schwarze Samen. Bekannte Sorten wie 'Chile de Seda', 'Manzano Rojo', 'Manzano Amarillo', 'Rocoto de Peron' stammen aus Mexiko, Peru und Brasilien. Die meisten vertragen leichten Frost bis etwa minus 5 °C.

Die Pflanzen – eine schöner als die andere

Die Pflanzen mit dem dunklen Laub und den glänzenden Früchten in leuchtenden Farben sind sehr attraktiv, weshalb sie auch als Zierpflanzen kultiviert werden, doch vor allem werden sie wegen ihres Wertes als Gemüse und Gewürz weltweit geschätzt.

Der schärfste Chili der Welt

Seit 2012 galt der 'Trinidad Moruga Scorpion' aus Trinidad und Tobago als der schärfste Chili der Welt. Die durchschnittliche Schärfe beträgt über 1,2 Millionen Einheiten auf der Scoville-Skala, doch Früchte einzelner Pflanzen erreichen bis zu 2 Millionen Einheiten. Im November 2013 musste nach vielen vor ihr auch diese Chilisorte ihren Titel abgeben, denn beim 'Carolina Reaper', einer Chilihybridsorte aus South Carolina, wurden bis über 2,2 Millionen Scoville gemessen.

Die Sorte 'Carolina Reaper' ist derzeit der schärfste Chili der Welt.

Fruchtaufbau von Paprika- und Chilifrüchten.

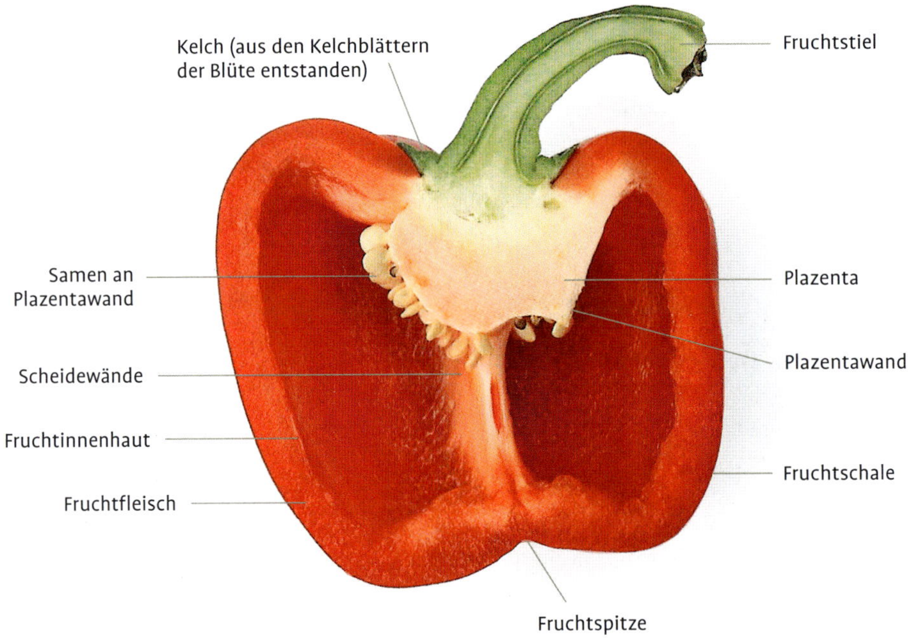

Je nach Art, Sorte und Standort wachsen die Pflanzen der *Capsicum*-Gattung zwischen nur wenigen cm bis über 2 m hoch. Die meisten Sorten werden bei uns im kommerziellen Gartenbau in der Regel nur eine Vegetationsperiode lang kultiviert. Im nächsten Jahr werden neue Pflanzen herangezogen und gepflanzt. So verhindert man auch die Ausbreitung von Krankheiten. Allerdings gedeihen die meisten Chilipflanzen auch mehrere Jahre, wenn man sie frostfrei überwintert.

Die Blätter sind länglich oval bis eiförmig, ganzrandig und gestielt. Die Blüten sind weiß oder weißlich, nur selten violett. Sie sind zwittrig, haben also in jeder Blüte männliche und weibliche Vermehrungsorgane.

Paprika sind zwar Selbstbestäuber, das heißt, es ist keine andere Sorte zur Befruchtung notwendig, aber die Arten und Sorten befruchten sich auch gegenseitig, wenn sie beieinanderstehen. Zieht man aus fremd befruchteten Samen neue Pflanzen, entstehen Pflanzen mit neuen Eigenschaftskombinationen.

Paprika sind Flachwurzler, was beim Gießen beachtet werden sollte.

Früchte in leuchtenden Farben

Aus befruchteten Blüten entwickeln sich Früchte. Bei Gemüsepaprika, Chili und ihren Verwandten handelt es sich um Fruchtgemüse, da wir ausschließlich die Früchte nutzen und diese wie Gemüse (oder als Gewürz) zubereiten. Im Alltag und bei der Verarbeitung in der Küche sprechen wir bei den Früchten zwar von Schoten, aber botanisch gesehen gehören sie – wie auch Tomatenfrüchte – zu den Beerenfrüchten. Die Samen in den Früchten sind nierenförmig und glatt. Sie sind etwas kleiner als die von Tomaten. Das Tausendkorngewicht liegt je nach Art und Sorte zwischen 5 und 8 g.

Scharf, schärfer am schärfsten

Was uns Chilifrüchte scharf schmecken lässt, ist vor allem das enthaltene Capsaicin und in geringerem Umfang andere Capsaicinoide.

Capsaicin ist ein farbloses, kristallines Alkaloid. Es wird von Drüsenzellen auf der Plazentawand in der Frucht produziert. Die Schärfe verteilt sich auch in der Umgebung, also auf die Samenscheidewände und Samen.

Milde Sorten der *Capsicum*-Pflanzengattung enthalten wenig bis gar kein Capsaicin, dazu gehört zum Beispiel unser Gemüsepaprika, den es in Rot, Gelb, Orange, Lila und Grün überall zu kaufen gibt. Ein wenig mehr Schärfe haben milde Chilisorten wie die Peperoni. Ziemlich scharf sind Cayenne- und Tabasco-Chilis. Sehr scharf sind zum Beispiel Sorten vom Typ 'Habanero' und 'Scotch Bonnet'. Extrem scharf mit einem sehr hohen Gehalt an Capsaisin sind Sorten wie 'Bhut Jolokia', 'Trinidad Moruga Scorpion' und 'Carolina Reaper'.

Paprika und Chili – ein wertvolles Kulturgut

Wegen der Vielfalt der Chili- und Gemüsepaprikasorten und der kulturellen Leistung, aus fünf *Capsicum*-Arten über 2 000 ganz unterschiedliche Sorten zu züchten, wurden Chili und Paprika vom Verein zur Erhaltung der Nutzpflanzenvielfalt (VEN) zum Gemüse des Jahres 2015/2016 erkoren. Diese Ernennung soll den Wert als gemeinsames Kulturgut herausstellen, an dem Menschen seit Jahrtausenden gearbeitet haben – zuerst über Tausende von Jahren die Ureinwohner Mittel- und Südamerikas und seit einigen hundert Jahren auch die Gärtner und Züchter überall auf der Welt. So entstanden die großen, dickfleischigen und süßlichen Gemüsepaprika erst im 19. Jahrhundert und verbreiteten sich erst in den letzten hundert Jahren über alle Kontinente.

Schärfe – Zuordnungen Chili, Paprika & Co. (Beispiele)

Stufe	Scoville-Einheiten (SHU)	Sorten
10+++	15 000 000 ~1 000 000 bis 2 200 000	Reines Capsaicin 'Carolina Reaper' (bis 2 200 000) Trinidad 'Moruga Scorpion' (bis 2 009 231) 'Chocolate 7 Pot' (bis 1 853 936)
10++	~600 000 bis über 1 000 000	'Trinidad 7 Pot' (bis 1 469 000) 'Lucy' (bis 1 359 284) 'Naga Viper' (bis 1 382 118)
10+	360 000 bis über 600 000	'Bhut Jolokia Chocolate' (bis 1 001 300) 'New Mexico Scopion' (bis 1 191 595)
10	~100 000 bis 577 000	'Red Savina Habanero' (bis 577 000) 'Habanero Fatalii' (bis 500 000) 'Orange Habanero' (350 000) 'Scotch Bonnet Red' (bis 325 000)
9	~50 000 bis über 100 000	'Bird's Eye' und 'Jamaican Hot Yellow' (bis 225 000) 'Carolina Cayenne Red' (bis 125 000) 'Chiltepin/Tepin', 'Pequin' und 'Thai-Chili' (bis 100 000)
8	~30 000 bis über 50 000	'Malagueta', 'Diablo Grande' und 'Thai Dragon' (bis 90 000) 'Rocoto Amarillo' und 'Rocoto Rojo' (bis 75 000)
7	~15 000 bis über 30 000	'Brazilian Starfish', 'Jalapeño NuMex Pinata', 'Cayenne' und 'Tabasco' (bis 50 000)
6	~5 000 bis über 15 000	'Lemon Drop', 'De Arbol' und 'Royal Black' (bis 30 000) 'Serrano' und 'Chungyang Red' (bis 25 000)
5	~2 500 bis über 5 000	'Hungarian Hot Wax' (bis 10 000) Jalapeño Early (bis 6 000) Kirschpaprika Capperino F1 (7 000)
4	~1 500 bis über 2 500	'Hot Cherry'/Scharfer Kirschpaprika (bis 5 000) 'Anjo San Luis' (bis 4 000)
3	~1 000 bis über 1 500	'Alma Paprika', 'Cherry Bomb' (bis 3 000) 'Anaheim' und 'NuMex Big Jim' (bis 2 500)
2	~500 bis über 1 000	'Poblano' und 'Pasilla' (bis 2 000) 'Peppadew' (bis 1 200)
1	~10 bis über 500	'Santa Fe Grande' (bis 750) 'Cherry mild' (Kirschpaprika), 'Aji Dulce', 'Pimiento', 'Piment d'Espelette', 'Peperoni' (bis 500)
0	0	Gemüsepaprika, Paprika ohne Schärfe

(Quellen: wildcapsicum.org, wikipedia.org)

Capsaicin wird übrigens als Wirkstoff in Pfeffersprays zur Selbstverteidigung verwendet.

Die Schärfe variiert nicht nur von Sorte zu Sorte, sondern auch von Pflanze zu Pflanze derselben Sorte. Sogar die Schoten an ein- und derselben Pflanze sind unterschiedlich scharf und sogar die einzelne Frucht ist an der Spitze milder als im Bereich der Plazenta, wo die Kerne sitzen. Deshalb können die Erfahrungen beim Probieren einer Sorte von der angegebenen Schärfe in einer Schärfetabelle abweichen.

Die Schärfe von Chili, Paprika & Co. wird in Scoville-Einheiten (Scoville Heat Units, SHU) oder Schärfestufen von 0 bis derzeit 10+++ angegeben. Früher wurden die Einheiten durch Geschmackstests ermittelt, heute misst man die Schärfe mittels HPLC (*high performance liquid chromatography* bzw. Hochleistungsflüssigchromatografie).

Geschmacksache

Jede Sorte von Chili, Paprika & Co. enthält neben der ihr eigenen Konzentration und Zusammenstellung an Schärfestoffen auch Geschmacks- und Aromastoffe, wodurch die Früchte nicht nur unterschiedlich scharf sind, sondern auch unterschiedlich schmecken. Zum Beispiel sind die 'Habanero'-Sorten nicht nur höllisch scharf, sondern haben auch ein fruchtiges Aroma. Will man den Speisen besonders viel von dem sortentypischen Aroma mitgeben, so reduziert man die Schärfe, indem man Kerne und Scheidewände entfernt – so kann man mehr Fruchtfleisch verwenden.

Die Ausbildung des Geschmacks ist auch vom Reifegrad abhängig. Grüne Gemüsepaprika schmecken eher grasig, ausgereifte orangegelbe oder rote haben einen süßlichen, vollen Geschmack.

Grüne Früchte sind unreif geerntete Früchte. Für manche Gerichte oder Zubereitungen werden grün geerntete Früchte bevorzugt, beispielsweise wenn die Schoten gefüllt und gebacken werden sollen oder für das Einlegen von Pepperonis und Jalapeños.

Anbauwissen

Egal, ob im Garten oder auf dem Balkon: Wenn man weiß, wie es geht, dann ist der Anbau ganz einfach und gelingt auch Anfängern. Nach dem ersten Versuch will man nicht mehr auf den Anbau von Chili, Paprika & Co. verzichten.

Was man sät, das erntet man

Die Qualität der Ernte beginnt mit dem Saatgut: Es sollte von einer guten Sorte stammen, die zum Standort passt, und eine gute Qualität haben. Wer selbst Saatgut für das nächste Jahr ernten möchte, kauft samenechte Sorten und schützt die Blüten vor Fremdbestäubung.

Für die Jungpflanzenanzucht benötigt man einen warmen, hellen Platz.

Pflanzen selbst aus Samen heranziehen (Jungpflanzenanzucht) oder zukaufen?

Mit der Aussaat von Chili, Paprika & Co. muss schon früh begonnen werden – bei langsam wachsenden Sorten bereits ab Ende Februar. Für die Jungpflanzenanzucht benötigt man einen hellen, warmen Platz. Für die Aussaat und Keimung reicht wenig Platz, doch nach dem Vereinzeln wird eine Fensterbank schnell zu eng.

Wer keinen hellen, warmen Platz für die eigene Jungpflanzenanzucht von Februar bis Mai hat, überlässt die Jungpflanzenanzucht lieber einem Gärtner und kauft sich die Pflänzchen zur Pflanzzeit ab Ende April/Anfang Mai in der Gärtnerei, auf dem Wochenmarkt, im Gartencenter, in Onlineshops oder bei (Online-)Tauschbörsen.

Saatgut kauft man im Gartenfachhandel, Gartenversandhandel und auf Gartenmärkten. Im Internet gibt es außerdem Foren, Facebookgruppen und Tauschbörsen, in denen man sich zum Sortentauschen verabreden kann.

Saatgutqualität

Wenn man Saatgut im Gartenfachhandel oder Gartenversandhandel kauft, kann man davon ausgehen, dass die Samen tatsächlich von der auf der Packung aufgedruckten Sorte stammen, dass keine Samen anderer Pflanzen oder Verunreinigungen darin enthalten sind, dass das Saatgut frei von Krankheiten ist und eine sortentypische Mindestgröße hat, sodass es keimfähig ist.

Auf der Verpackung muss laut Saatgutverkehrsgesetz das Abfülljahr oder das Jahr der letzten Keimprüfung aufgedruckt sein.

Woran erkennt man biozertifiziertes Saatgut?

Auf biozertifiziertem Saatgut ist die Ökokontrollstelle aufgedruckt. Diese setzt sich zusammen aus Länderkennung, der Abkürzung ÖKO sowie einer dreistelligen Nummer. Beispiele für Öko-Kontrollstellen-Nummern: DE-ÖKO-001, DE-ÖKO-003, DE-ÖKO-006, DE-ÖKO-012, DE-ÖKO-024 etc.

Frisch geerntete und getrocknete Samen von Chili, Paprika & Co., die kühl (aber frostfrei), trocken und dunkel aufbewahrt werden, beispielsweise in einem lichtundurchlässigen Schraubglas, sind etwa drei bis vier Jahre keimfähig.

Keimfähigkeitsprüfung

Eine Keimprobe lohnt sich nur, wenn man eine größere Menge Saatgut vom Vorjahr aus einer Partie (gleiche Sorte zum gleichen Zeitpunkt eingepackt) übrig hat. Die Keimprobe macht man ein paar Wochen vor der Aussaat – früh genug, um noch neues Saatgut kaufen zu können, wenn die Keimfähigkeit schlecht ausfällt.

Man verteilt eine abgezählte Anzahl von Samen auf feuchtem Küchenkrepp auf einem Teller, stülpt eine Haube darüber und stellt die Keimprobe irgendwo bei 22 bis 28 °C auf. Das Papier muss gelegentlich nachgefeuchtet werden (vorsichtig mittels Sprühflasche oder seitlich angießen). Sind nach der normalen Keimdauer (10 bis 20 Tage) keine oder nur wenige Samen gekeimt, ist das Saatgut nicht mehr geeignet.

Die richtige Sorte am richtigen Platz

Wer die Wahl hat, hat die Qual. Es gibt viele attraktive Chili- und Paprikasorten mit Früchten in leuchtenden Farben und mit Formen von Zipfelmützen über Lampions bis Glocken, die nicht nur ein Gaumenschmaus, sondern auch eine Augenweide sind.

Im Kapitel Sortenvielfalt (S. 77) stellen wir viele Sorten vor, doch sie sind nur ein Ausschnitt aus dem großen internationalen Sortenangebot.

Die verschiedenen Chilisorten wachsen und reifen unterschiedlich schnell: Während 'Cayenne' Ende August schon rot ist, braucht die karibische Sorte 'Scotch Bonnet' noch Zeit.

Zum einen gibt es die milden Gemüsepaprika und die Chilis mit mehr oder weniger Schärfe in vielen Farben und Formen. Zum anderen gibt es hohe und niedrige Sorten – die einen kann man im Beet oder im großen Kübel, die anderen sogar im Topf anbauen. Gemüsepaprika mit ihren meist blockigen großen Früchten brauchen oft auch in der Breite etwas mehr Platz als viele der Chilisorten.

Die verschiedenen Sorten stammen aber auch aus unterschiedlichen Klimazonen und Höhenlagen oder sie wurden für ein bestimmtes Anbauklima gezüchtet – sie vertragen unterschiedliche Standorte und brauchen unterschiedlich viel Wärme und Sonnenstunden bis zur Fruchtreife.

Sorten für besondere Standorte

Der Anbau in Töpfen, Kästen und Kübeln hat den Vorteil, dass die Pflanzen mobil sind und jederzeit umgesiedelt werden können. So kann man auch die frostempfindlichen Sorten vor Frost schützen und sie mehrjährig kultivieren.

Niedrige Sorten für Balkonkästen oder Töpfe (Beispiele): 'Medusa' („Naschzipfel", 20 cm), 'Feuerküsschen' (circa 25 cm), 'Riot' (20 bis 30 cm), 'Capperino' F1-Hybride (40 cm), 'Hidalgo' (40 bis 50 cm), 'Firecracker' (circa 50 cm), 'Habanero Fatalii' (circa 50 cm, **Vorsicht:** sehr scharf) und andere Habanero-Sorten, 'Inferno' F1-Hybride (circa 50 cm), 'Apache' (circa 40 cm), 'Apple Sweet Pimiento' (circa 50 cm), 'Pusztagold' (circa 60 cm), 'Goldflame' F1-Hybride (60 cm), 'Cherry Bomb' (60 cm)

Hohe Sorten für Kübel (Beispiele): 'Toscana' F1-Hybride (80 cm), Cayenne-Sorten (80 cm), 'Jalastar' F1-Hybride (bis 100 cm), 'Bischofsmütze' (auch 'Glockenpaprika', bis über 120 cm), 'Brazilian Starfish' (120 cm und größer), 'Bontempi' F1-Hybride (150 cm), 'Lemon Drop' (bis 200 cm)

Vorsicht: Scharfe Schoten besser nicht in der Reichweite von Kindern aufstellen oder die Kinder entsprechend unterrichten. Ein milder Zierpaprika für Töpfe und Kübel ist beispielsweise 'Medusa'.

Saatgut selbst gewinnen

Alternativ zum Kaufen oder Tauschen kann man Samen aus frischen, reifen Früchten selbst gewinnen, indem man den Samen herauslöst, trocknet und bis zur Aussaat trocken und kühl lagert. Allerdings weiß man nicht, ob diese Samen von einer anderen Sorte befruchtet wurden und was dann für Pflanzen aus ihnen wachsen werden. Aber gerade das kann es ja auch besonders spannend machen.

Gypsy’ F1 ist eine früh reifende, reich tragende Hybridsorte, die von Grün über Gelb nach Rot reift.

Samenechte Sorten versus F1-Hybriden

Der Ausdruck F1-Hybride stammt aus der Züchtung und Vererbungslehre. F1-Hybrid-Saatgut entsteht bei der Kreuzung zweier reinerbiger, hochwertiger Elternsorten, die vorher sorgfältig ausgelesen wurden. Die Pflanzen, die aus diesen F1-Hybrid-Samen entstehen, haben besondere Eigenschaften wie beispielsweise einen hohen Ertrag oder mehr Widerstandskraft. Diese Eigenschaften treten aber nur bei den ersten Nachkommen auf. Züchtet man mit F1-Pflanzen weiter, kommt es zu Aufspaltungen: Man erhält lauter unterschiedliche Pflanzen mit guten und schlechten Eigenschaften in ganz unterschiedlichem Mix. Die Erzeugung von F1-Hybrid-Saatgut ist aufwendig, daher ist es teurer. Gleichzeitig ist der Züchter vor Nachbau geschützt. Wer als Gärtner oder Hobbygärtner Saatgut von seinen Pflanzen gewinnen und diese Samen im nächsten Jahr aussäen möchte, der sollte samenechte Sorten wählen und muss aufpassen, dass sich die einzelnen Sorten nicht kreuzen.

F1-Hybrid-Sorten erkennt man an ihrer Sortenbezeichnung: Nach dem Sortennamen steht F1 oder ein F1-Hybrid.

Jungpflanzenanzucht

Die Jungpflanzenanzucht ist die Zeit von der Aussaat bis zum Auspflanzen an den endgültigen Standort im Garten, Frühbeet, Gewächshaus oder auf Balkon und Terrasse. Für die eigene Anzucht von Jungpflanzen benötigt man einen hellen und warmen Platz.

Die Jungpflanzenanzucht (ab Ende Februar/März) dauert etwa neun Wochen – bei der frühen Aussaat meist ein paar Tage länger, bei der späteren Aussaat etwas kürzer. Die Dauer ist auch von der Sorte abhängig.

Veredelte Pflanzen

Beim Veredeln wird der obere Pflanzenteil einer empfindlichen Edelsorte auf den unteren Pflanzenteil einer robusten Unterlagensorte gesetzt und die beiden werden so verbunden, dass sie zusammenwachsen. Die Edelsorte liefert später die Früchte, die Unterlage sorgt beispielsweise für mehr Kältetoleranz und/oder Schutz gegen Krankheiten und Schädlinge.

Während der Keimphase muss es über 22 °C warm sein. Für die Jungpflanzenanzucht eignen sich:

- Eine helle, warme Fensterbank
- Ein ausgebautes Blumenfester
- Ein Wintergarten
- Ein geheiztes Gewächshaus

Wer einen solchen Platz nicht hat, sollte auf die eigene Anzucht lieber verzichten und stattdessen zur Pflanzzeit fertige Jungpflanzen kaufen. Zu bedenken ist auch, dass der Platzbedarf zwar zur Aussaat und während der Keimphase noch recht gering ist, danach werden die Pflanzen jedoch vereinzelt (pikiert) und später einzeln in Töpfe gepflanzt – dann kann es auf einer Fensterbank schnell zu eng werden.

Junge Chilipflanzen benötigen viel Licht, damit sie schön kompakt wachsen.

Hilfsmittel und Werkzeuge

Hilfreich für die Anzucht sind:

- Brett zum Glattstreichen der Aussaaterde
- Brettchen mit Griff zum Andrücken der Samen
- Erdesieb zum Übersieben
- Pikierstab zum Vereinzeln der Keimlinge
- Stecketiketten zum Kennzeichnen der Aussaaten
- Gießkanne mit Brauseaufsatz

Planung schafft den Durchblick

Chili, Paprika & Co. sind frostempfindlich. Wegen der Frostgefahr darf man nicht vor Mitte Mai ins Freie pflanzen, ins Frühbeet nicht vor Anfang Mai und in ein ungeheiztes Gewächshaus nicht vor Ende April (besser erst Anfang Mai). Nur im geheizten Gewächshaus oder auf der Fensterbank ist man zeitlich nicht gebunden, vorausgesetzt die Pflanzen erhalten dort genügend Licht und Wärme. Das gilt natürlich auch für einen voll klimatisierten Raum mit pflanzengerechtem Kunstlicht.

Etwa neun bis zehn Wochen vor der geplanten Pflanzung wird ausgesät. Saatgut sollte daher am besten bereits im Januar/Februar bestellt werden, damit Sie sicher sein können, dass die gewünschten Sorten rechtzeitig eintreffen.

Termingerechte Aussaat

	Anzuchtdauer in Wochen	Pflanztermin	Pflanzort
Aussaat ab Mitte Februar			
Chili, Paprika & Co.	9 bis 10	Ende April	Gewächshaus
Aussaat ab Mitte März			
Chili, Paprika & Co.	8 bis 9	Mitte Mai	Frühbeet, Garten, Balkon, Terrasse

Aussaat

Zur Beschleunigung der Keimung kann man die Samen vor der Aussaat ein bis zwei Tage in lauwarmes Wasser legen, anschließend wird sofort gesät. Als Aussaatgefäße eignen sich Töpfe oder Aussaatschalen. Spezielle Aussaaterde ist nährstoffarm und für den Keimling am besten verträglich, doch klappt die Aussaat in der Regel auch in Gemüseerde oder anderer Pflanzerde.

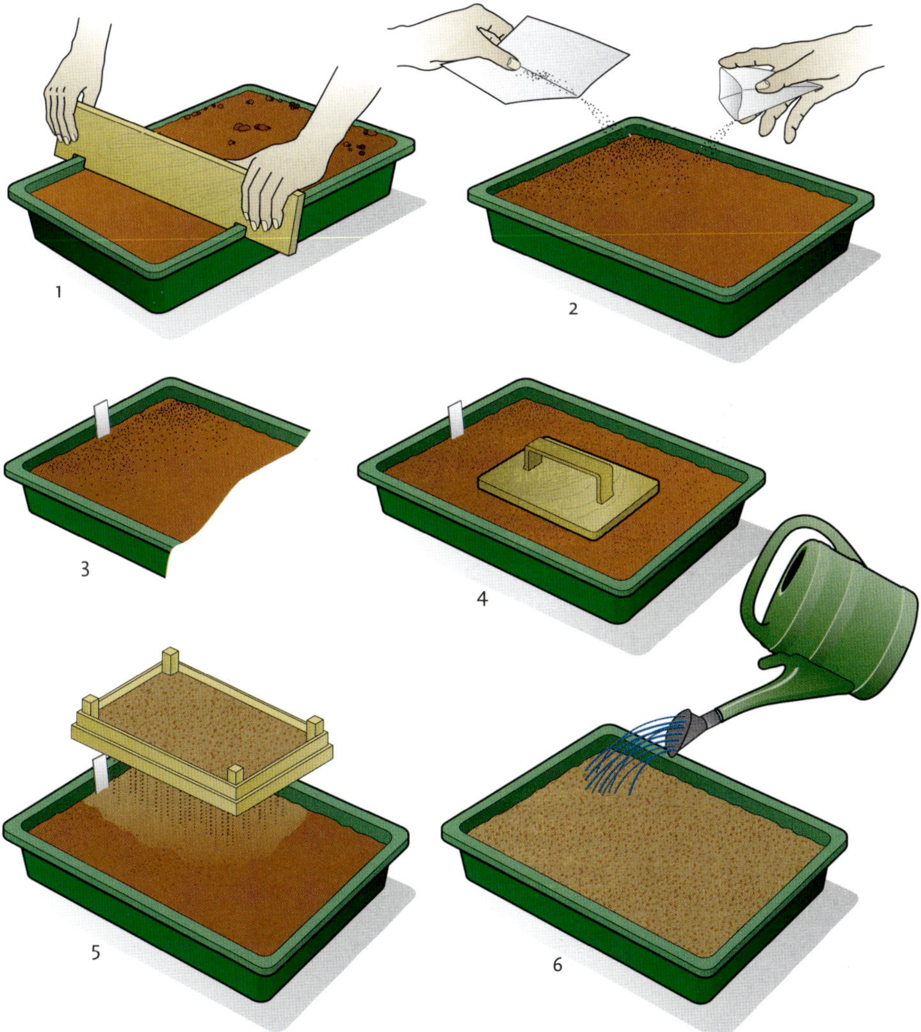

1 „Abziehen“ des überstehenden Substrates
3 Etikettieren
5 Substrat darüber sieben

2 Aussäen
4 Andrücken
6 Vorsichtig mit weicher Brause angießen

Etwa neun Wochen vor dem Pflanztermin wird ausgesät.

Zusatzlicht

Da die Jungpflanzenanzucht bei uns in die lichtarme Zeit fällt, ist während dieser Phase im Gewächshaus, auf der Fensterbank und in Räumen Zusatzlicht beziehungsweise Kunstlicht zu empfehlen, am besten so, dass die Tageslänge 12 bis 14 Stunden pro Tag beträgt. Auch für die Überwinterung im Kleingewächshaus, Wintergarten oder auf der Fensterbank ist dies zu empfehlen.
Am besten eignen sich spezielle Pflanzenleuchten, deren Leuchtmittel Licht mit Wellenlängen zwischen 400 und 700 nm abgeben. Das sind beispielsweise Hochdruck-Natriumdampflampen, Energiespar-Wachstumsleuchten und LED-Leuchtmittel (Pflanzenlampen, Pflanzenlicht-Panel, Pflanzenlicht-Strip).

Nicht nur die normalen Pflanzerden, auch manche Spezialerden gibt es inzwischen auch ohne oder mit weniger Torf, damit die Moore geschont werden, beispielsweise :

- Ökohum Aussaaterde
- Floragard Bio Kräuter- und Aussaaterde
- Neudorff NeudoHum Aussaat- und Kräutererde
- Dehner Bio Aussaat- und Kräutererde

Zunächst wird der Topf oder die Schale mit Erde befüllt, darauf der Samen im Abstand von ungefähr 2 x 2 cm gelegt und mit einem Brettchen oder Ähnlichem angedrückt. Anschließend übersiebt man die Aussaat knapp 3 bis 5 mm dick mit Erde. Und nicht vergessen: Ein Etikett mit dem Sortennamen und dem Aussaatdatum dazu stecken. Anschließend wird angegossen.

Nach dem Angießen werden die Aussaaten warm aufgestellt. Die Temperatur während der Keimphase sollte zwischen 22 und 28 °C liegen. Die Keimdauer beträgt dann 10 bis 20 Tage je nach Temperatur und Sorte. Die Erde sollte während dieser Zeit feucht sein, aber nicht nass. Um ein feuchtes Milieu zu erzeugen, kann man die Aussaaten bis zur beginnenden Keimung mit einer Plastikhaube, Folie, Vlies oder Papier abdecken. Sobald sich die ersten Keimlinge zeigen, muss die Abdeckung allerdings entfernt werden. Aus den schnellsten Keimern und den stärksten Keimlingen werden erfahrungsgemäß auch die kräftigsten Pflanzen mit den besten Erträgen.

Pikieren

Die gekeimten Pflanzen werden pikiert, das heißt, auf etwas mehr Abstand in einem neuen Gefäß oder in kleine Töpfe vereinzelt, sobald sie beide Keimblätter entfaltet haben und man sie gut greifen kann.

Die Pflänzchen werden mithilfe eines Pikierstabes oder eines kleinen Hölzchens, das man von der Seite vorsichtig unter die Wurzeln schiebt, aus der Aussaatschale gehoben und in vorbereitete Pflanzgefäße gepflanzt. Als Pflanzgefäße eignen sich Töpfe oder Schalen, die man vorher mit Anzuchterde, Pikiererde oder einer Mischung aus Aussaaterde und Pflanzerde befüllt hat. Neben den normalen torfhaltigen Erden gibt es auch für das Pikieren Spezialerden, und unter diesen auch solche, die auf Torf ganz oder teilweise verzichten, beispielsweise:

- FloraSelf Nature Kräuter- und Anzuchterde ohne Torf
- SERAMIS Anzucht/Kräuter Bioerde
- Palaterra Anzucht & Kräuter

Meist gelingt das Umpflanzen aber auch in nicht zu stark gedüngte Pflanzerde.

Zum Pikieren gut geeignet sind auch Substratquelltöpfe – das sind Substrattabletten (früher aus Torf, heute aus anderen organischen Materialien) aus dem Gartenfachhandel, die in Wasser aufgequollen werden. Es gibt sie auch als Multitopfplatten – viele Einzeltöpfe in einer Transportschale. Wer eine Erdtopfpresse hat, kann Erdpresstöpfe nehmen. Wer recyceln möchte, verwendet Eierkartons, halbierte Toilettenpapierrollen, Joghurtbecher und Ähnliches als Pflanzgefäße.

Nachdem die Töpfe gequollen, gepresst oder mit Erde befüllt sind, bohrt man an die Stellen, wo die Pflanzen eingesetzt werden sollen, mit dem Pikierholz Löcher. Dann führt man die Wurzeln der kleinen Pflanze vorsichtig und mithilfe des Hölzchens hinein. Nun wird von der Seite her mit dem

Sobald die Keimblätter entfaltet sind und man die jungen Pflänzchen greifen kann, werden sie vereinzelt.

Hölzchen vorsichtig aber fest an die Wurzeln gedrückt. Das Andrücken ist wichtig, denn nur bei gutem Kontakt können die Wurzeln Wasser und Nährstoffe aufnehmen. Der Abstand der Pflanzen zueinander sollte nach dem Pikieren mindestens 10 cm betragen. Anschließend gießt man die pikierten Pflanzen und etikettiert sie.

Die pikierten Pflanzen werden nun wieder an einen hellen, warmen Ort gestellt (mindestens 20, besser 22 °C), bis die Zeit zum Pflanzen gekommen ist. Während dieser Phase wird die Erde feucht aber nicht zu nass gehalten.

Etwa zehn Tage nach dem Pikieren düngt man mit einem Flüssigdünger, den man dem Gießwasser beimischt. Flüssigdünger gibt es inzwischen auch

Jungpflanzen aus Stecklingen

Zwar ist die Hauptvermehrungsart die Aussaat im Frühjahr, aber man kann Chili, Paprika & Co. auch aus Stecklingen ziehen – erfahrungsgemäß funktioniert das gut am Ende der Gartensaison im Oktober/November. Ein Vorteil der Stecklingsvermehrung ist, dass die neuen Pflanzen die gleichen Gene haben wie die Mutterpflanze. Wenn man nämlich Samen von seinen Pflanzen erntet, um sie im nächsten Jahr auszusäen, weiß man nicht, woher der Pollen für die Befruchtung kam (außer man hat Vorsichtsmaßnahmen getroffen, die eine Fremdbestäubung durch eine andere Pflanze verhindert haben). Bei der Stecklingsvermehrung kann man sicher sein, dass die neuen Pflanzen die gleichen Erbanlagen und Eigenschaften haben.

Bevor man die Stecklinge schneidet, bereitet man die Vermehrungsgefäße vor. Geeignet sind beispielsweise:

- Mit Wasser befüllte, lichtundurchlässige Gläser, Tassen oder kleine Vasen
- Gewässerte Steinwollwürfel (ohne Nährstoffe)
- In Wasser gequollene Substratquelltöpfe
- Feuchtes Torf-Sand-Gemisch in einem Anzuchtkasten oder Anzuchttopf mit Haube

Man schneidet die Stecklinge zunächst mit einer scharfen Gartenschere. Sie sollen etwa 10 cm lang sein beziehungsweise vier bis fünf Blattknoten haben und werden 1 cm unterhalb der entsprechenden Blattachsel abgetrennt. Bei jedem Steckling entfernt man eventuell vorhandene Blüten, Früchte und die Blätter in der Nähe der Schnittstelle. Dann wird die Schnittstelle mit einer scharfen Rasierklinge schräg nachgeschnitten und der Steckling sofort in das Vermehrungsgefäß gesteckt. Die Stecklinge werden warm (ca. 22 -25 °C) bei nicht zu trockener Luft aufgestellt, beispielsweise in einem Vermehrungskasten mit Deckel. Alternativ kann man eine lichtdurchlässige Plastikhaube über die Stecklinge stülpen. Nach zwei bis drei Wochen sollten sich Wurzeln gebildet haben und die Pflanze wird in einen Topf mit Substrat gepflanzt beziehungsweise bei Hydroponik in eine Bewässerungsrinne oder Bewässerungseinheit gestellt.

Bei der Stecklingsvermehrung haben die Nachkommen die gleichen Erbanlagen wie die Mutterpflanze.

rein organisch, sogar rein vegetarisch und zertifiziert für den Bioanbau. Je wärmer und heller es ist, desto besser gedeihen die jungen Pflänzchen. Abhängig von der Wachstumsgeschwindigkeit wird das Düngen nach etwa zwei Wochen wiederholt.

Wenn es den pikierten Pflanzen zu eng wird und wenn der richtige Zeitpunkt zum Pflanzen bereits erreicht ist, werden sie gleich in ein Beet im Gewächshaus, Frühbeet oder im Garten gepflanzt. Wenn noch Zeit bis zum Auspflanzen zu überbrücken ist, setzt man die Pflanzen in Töpfe und pflegt sie am geschützten Anzuchtort weiter, bis an den endgültigen Standort gepflanzt werden kann. Sind die Pflanzen für Töpfe oder Kübel auf dem Balkon oder der Terrasse vorgesehen und hat man genug Platz, kann man sie gleich in die endgültigen Gefäße pflanzen.

Chilipflanzen gedeihen gut an einem hellen, warmen Platz, beispielsweise vor einer nach Süden gerichteten Hauswand oder in einem Frühbeet mit höher gelegten Fenstern.

Anbau im Beet, Hochbeet, Frühbeet und Gewächshaus

Chili, Paprika & Co. sind Gäste aus warmen, hellen Regionen. Bei uns können die meisten nur ins Freie, solange es frostfrei ist. In dieser Zeit bieten wir ihnen viel Licht und Wärme, damit ihre Früchte bis zum Herbst reifen. Außer Gießen und Düngen ist wenig Pflege nötig.

Chili, Paprika & Co. pflanzt man frühestens Mitte Mai nach den Eisheiligen ins Freie. Ins Frühbeet dürfen sie ab Anfang Mai und Ende April ins unbeheizte Gewächshaus.

Wie die meisten Gemüse möchten Chili, Paprika & Co. einen hellen Platz. Das heißt, das Beet, Hochbeet, Frühbeet oder Gewächshaus sollte geschützt liegen und nicht durch Bäume oder Wohnhäuser beschattet sein. Chili, Paprika & Co. mögen es außerdem warm. Von der Pflanzung bis zum Beginn der Ernte kann es 60 bis zu 120 Tage dauern. Die genaue Dauer ist abhängig von der Sorte, dem Entwicklungszustand bei der Pflanzung sowie von Temperatur und Licht.

Die optimale Jungpflanze

Wer keinen Platz für die eigene Jungpflanzenanzucht hat, der kauft sich die Pflänzchen beim Gärtner, auf dem Markt oder im Gartencenter. Die optimale Jungpflanze ist kräftig mit gedrungenem Wuchs und hat noch ihre Keimblätter. Die Blätter sollten frisch, sattgrün und gesund wirken. Das gilt auch für ältere Pflanzen, die man kauft. Manchmal werden zur Pflanzzeit sogar Pflanzen mit ersten Früchten angeboten.

Je nach Sorte und der daraus resultierenden Pflanzengröße und Standfestigkeit können Paprika, Chili und Co. frei stehend angebaut, gestützt oder aufgeleitet werden. Bei niedrig wachsenden Sorten unter etwa 40 cm sind in der Regel keine Stützelemente notwendig. Pflanzt man sie in ein Beet, können 10 bis 15 Pflanzen pro m^2 gesetzt werden (teppichartiger Anbau). Die Pflanzen sollten nicht tiefer in den Boden gesetzt werden, als sie vorher in der Anzucht standen, da sie sonst an Stängelfäule erkranken können. Höhere, weniger standfeste Sorten werden entweder durch waagerecht gespannte Netze oder mit stabilen Staudenhaltern gestützt, in die sie hineinwachsen. Sie werden im Abstand von etwa 50 cm gepflanzt (4 bis 5 Pflanzen pro m^2).

Andere Möglichkeiten, besonders für noch höher wachsende Sorten und bei Langzeitkultur, sind die Stabilisierung mit einem Stützstab oder die Aufleitung an Schnüren und Ähnlichem. Beim eintriebigen Schnuranbau

Hoch wachsende Sorten müssen gestützt werden.

Königsblüte entfernen
Bei großfrüchtigen Paprikasorten wird die Blüte zwischen Haupttrieb und erstem Seitentrieb entfernt, sobald sie erscheint. Durch die Maßnahme wird das Triebwachstum angeregt und die Pflanze kräftiger, wodurch sie letztendlich auch mehr Platz für Blüten hat und die Ernte größer werden soll.

dürfen sechs bis acht Pflanzen pro m^2, beim zweitriebigen Schnuranbau nur drei bis fünf Pflanzen pro m^2 gesetzt werden.

Bei Langzeitkultur im geheizten Haus werden jeweils die weiteren Abstände gewählt, bei Kurzzeitkultur im Kalthaus oder Frühbeetkasten sind die engeren Abstände ausreichend. Beim ein- oder mehrtriebigen Schnuranbau werden deren weitere Seitentriebe nach dem ersten Blatt mit Blüte eingekürzt.

Freiland oder Gewächshaus

Ungeheizte Gewächshäuser und Frühbeetkästen verlängern das Gartenjahr, beheizte Gewächshäuser mit Zusatzlicht ermöglichen eine ganzjährige Pflanzenkultur.

Gewächshaus

Das beheizte Kleingewächshaus ermöglicht am besten die Beeinflussung von Licht, Temperatur und Luftfeuchtigkeit. Aber je höher man im Winter heizen will, desto besser muss das Gewächshaus ausgestattet sein, damit die Heizkosten nicht in enorme Höhen schießen. Empfehlenswert sind unter Kosten- und Umweltgesichtspunkten Gewächshäuser, die gut isolieren und nur frostfrei oder wenig wärmer geheizt werden. Mit ihnen kann man das Gartenjahr verlängern und erwachsene, nicht allzu wärmeliebenden Sorten überwintern.

Das Gewächshaus bietet Schutz vor Kälte und Regen – letzteres fördert auch die Pflanzengesundheit, denn viele Pilzkrankheiten breiten sich nur auf nassen Pflanzen aus. Andererseits muss vor allem im Sommer durch Lüften und Beschatten dafür gesorgt werden, dass die Temperatur im Gewächshaus nicht über 35 °C steigt.

Im Gewächshaus kann man die Triebe an Schnüren nach oben, zu einem über das Beet gespannten Draht oder Ähnlichem leiten.

Für eine optimale Befruchtung sollte die Luftfeuchtigkeit zwischen 60 und 85 Prozent liegen. Beim frühen Anbau sind die Fenster geschlossen, die Pflanzen bewegen sich nicht und weder Wind noch Insekten können Pollen für die Befruchtung transportieren. Daher sollten Gewächshausgärtner ihre Pflanzen

am besten täglich in den späten Vormittagsstunden mit der Hand leicht schütteln oder die Blüten alle zwei Tage mit einem Haarpinsel besuchen. **Achtung:** Wer seine Sorten rein halten will, muss sie insektendicht, voneinander getrennt ziehen und für jede Sorte einen eigenen Haarpinsel verwenden.

Bei der ganzjährigen Kultur ist in unseren lichtarmen Wintermonaten Zusatzbelichtung zu empfehlen.

Unbeheiztes Gewächshaus und Frühbeet

Ein unbeheiztes Gewächshaus oder ein Frühbeet sind kostengünstiger als beheizbare Gewächshäuser, dafür sind ihre Tiefsttemperaturen nachts auch nur ein paar Grad wärmer als die Außentemperatur.

Das Frühbeet ist für die kleinen bis mittelgroßen Sorten geeignet. Im Sommer – mit dem Größerwerden der Pflanzen – kann man die Frühbeetfenster mittels Pfosten höher legen.

Für die hochwachsenden Sorten sind Gewächshaus, Wintergarten oder ein geschützter Platz im Freien zu empfehlen.

Sollten nach der Pflanzung nochmals Nachtfröste angekündigt werden, können Strohmatten auf das Frühbeet/Gewächshaus oder Vlies direkt über die Pflanzen gelegt werden. Umgekehrt muss an sonnig warmen Tagen rechtzeitig gelüftet werden.

Im Freien

Ein heller, warmer Platz auf dem Balkon, der Terrasse, an einer Hauswand oder im Garten eignet sich auch bei uns in den meisten Lagen für die Kultur von Chili, Paprika und Co. Zwar kann man erst nach den Eisheiligen Mitte Mai – kälteempfindliche Sorten in manchen Jahren erst Anfang Juni – auspflanzen, dafür ist diese Lösung am preisgünstigsten und energiesparendsten.

Sollte nach der Pflanzung ins Freie nochmals ein nächtlicher Kälteeinbruch drohen, können die Pflanzen mit mehreren Lagen Vlies geschützt werden. In Kübeln kultivierte Pflanzen kann man ans Haus ziehen.

Um den Wasserverbrauch zu verringern und das Wachstum zu fördern, wird Paprika oft auf Mulchfolie oder Mulchvlies gepflanzt. Dazu wird die Folie auf das vorbereitete Beet gelegt, an den Pflanzstellen kreuzweise eingeschlitzt und in die Schlitze gepflanzt.

Boden und Düngung

Paprika, Chili und Co. wünschen einen lockeren, humosen Boden bei einem pH-Wert im Bereich 5,5 bis 6,5.

Wenn keine Überversorgung mit Nährstoffen vorliegt, was man durch eine Bodenanalyse feststellen lassen kann, gibt man entweder im Frühjahr 5 Liter Kompost pro m^2 zur Bodenverbesserung und Düngung für das ganze Jahr oder bei der Beetbereitung vor der Paprikapflanzung 2 bis 3 Liter (das entspricht einer Schichtdicke von 0,2 bis 0,3 cm) Kompost. Zusätzlich kann man 50 g Hornmehl pro m^2 mit der Pflanzung verabreichen.

Gleichmäßig mittel- bis dunkelgrüne Blätter zeigen einen guten Ernährungszustand der Pflanzen.

Blassgrüne Blätter weisen auf einen Stickstoffmangel hin.

Wer keinen Kompost hat, verteilt 270 g Hauert Hornoska spezial, Engelharts Sti-p-Ka oder Azet TomatenDünger auf 3 Gaben (je 90 g bei der Pflanzung, 3 und 6 Wochen nach der Pflanzung). Weitere Stickstoff- (Hornmehl, Kalkammonsalpeter) oder Kaliumgaben (Kalimagnesia) sind dann nicht erforderlich.

Wer aus Prinzip nur mit Kompost düngen möchte, bringt 4 Liter reifen Gartenkompost pro m^2 vor der Pflanzung aus.

Die Nährstoffe aus organischer Herkunft werden temperatur- und feuchtigkeitsabhängig nach und nach frei, sind aber wegen der Freisetzung des für die Assimilation wichtigen Kohlendioxids gegenüber mineralischer Düngung zu bevorzugen. Beobachtet man eine Wachstumsstockung, die auf einen allgemeinen Nährstoffmangel zurückzuführen ist und nicht auf zu niedrige Temperaturen, düngt man mit Flüssigdüngern nach.

Falls jemand aus irgendeinem Grunde mineralisch düngen möchte, muss er damit bis nach dem Anwachsen warten, da Paprikapflanzen salzempfindlich sind und keinen mineralischen Dünger vor der Pflanzung vertragen.

Im weiteren Kulturverlauf kann dann mit einem organischen Flüssigdünger gegossen werden, der alle Nährstoffe enthält und den man alle ein bis zwei Wochen dem Gießwasser nach Angaben auf der Packung beimischt. Am besten schaut man seine Pflanzen mindestens einmal wöchentlich daraufhin prüfend an: Wirken sie hellgrün und mager, dann brauchen sie Dünger. Wirken sie dunkelgrün und mastig, dann sollte man mal eine Düngepause einlegen.

Bodenanalyse

Der Boden ist nicht nur Halt und Stütze für die Pflanzen, sondern auch Lieferant für Wasser und Nährstoffe. Viele Böden in Privatgärten sind jedoch über- oder unterversorgt. Im Gemüsegarten herrscht häufig ein Überschuss an Nährstoffen, während andere Gartenbereiche Mangel leiden. Das liegt daran, dass die Gemüsegärten oft jahrelang sehr hohe Kompostgaben, Mistpackungen und Mineraldüngergaben erhielten, während andere Bereiche hinsichtlich Nährstoffversorgung sich selbst überlassen blieben.

Im Erwerbsgartenbau sind Bodenuntersuchungen längst praxisüblich, denn Dünger kosten Geld und außerdem gedeihen optimal versorgte Pflanzen besser und bringen höhere Erträge. Optimal versorgen kann man seine Pflanzen aber nur, wenn man weiß, was der Boden an Nährstoffen enthält und was die Pflanzen ungefähr brauchen werden. Dann muss man nur die Differenz mit Düngergaben ausgleichen: durch Kompostausbringung und sonstige Düngung. Trotzdem sollte man auch weiterhin ein genaues Auge auf seine Pflanzen haben, um festzustellen, ob sie gut versorgt sind.

Bodenuntersuchungen sollten etwa alle drei bis fünf Jahre durchgeführt werden. Vor allem für den gemüsebaulich genutzten Garten und für Bereiche, bei denen immer wieder Probleme auftauchen, sind regelmäßige Bodenuntersuchungen zu empfehlen. Untersuchen lassen kann man aber auch seinen Kompost.

Bodenprobe ziehen – wie geht das?

Für jeden Nutzungsbereich im Garten muss eine gesonderte Untersuchung durchgeführt werden: Zunächst entnimmt man mit dem Spaten oder einem speziellen Bohrstock Erde an mindestens zehn Stellen einer einheitlich genutzten Fläche (Rasen, Gemüsebeet, Obstbäume, Obststräucher etc.). Die Tiefe, aus der die Bodenprobe genommen wird, sollte in etwa der Wurzeltiefe der Kulturen entsprechen: Beim Gemüsebeet nimmt man die Bodenprobe aus den obersten 25 bis 30 cm. Halten Sie sich im Zweifelsfall an die Vorgaben des Bodenuntersuchungslabors. Die zehn oder mehr entnommenen Proben mischen Sie in einem Eimer und füllen danach 500 g davon in eine beschriftete Plastiktüte. Zusammen mit einem Begleitschreiben oder dem Auftragsformular, auf dem man angibt, was untersucht werden soll und was man sonst noch wissen möchten, schickt man das Paket an eine Bodenuntersuchungsstelle bzw. Bodenuntersuchungslabor.

Die Bodenuntersuchung beinhaltet in der Regel die Feststellung der Bodenart, des Kalkbedarfs, die Gehalte an Phosphat, Kali und Magnesium. Oft ist darin auch eine Düngeempfehlung auf Basis der Untersuchungsergebnisse enthalten, manchmal sogar für die nächsten Jahre. Fragen Sie aber sicherheitshalber beim Anbieter nach und fragen Sie auch unbedingt vorab nach dem Preis. (Adressen von Bodenuntersuchungslabors: siehe Serviceteil.)

Bodenbearbeitung

Zur Bodenvorbereitung und -bearbeitung sind keine anderen Gartengeräte als anderswo im Gemüsegarten notwendig.

Beim Unkrauthacken ist zu beachten, dass die Wurzeln von Chili, Paprika & Co. sich relativ flach unter der Bodenoberfläche ausbreiten und man in unmittelbarer Pflanzennähe das Unkraut besser mit der Hand zieht, um diese Wurzeln nicht zu verletzten.

Kompostwirtschaft – ein nachhaltiger Rohstoffkreislauf

Kompost ist das Gold des Gärtners, dabei entsteht er fast von alleine durch den Fleiß vieler kleiner Tiere und Mikroorganismen, wenn man Garten- und Gemüseabfälle sammelt, sie miteinander vermischt und dann verrotten lässt.

Der fertige (gare) Kompost wird im Garten und im Gewächshaus als Bodenverbesserer und Dünger ausgebracht oder für eigene Pflanzerdemischungen verwendet.

3 Liter Kompost enthalten etwa 16 g Stickstoff (N), 11 g Phosphat (P_2O_5) und 12 g Kaliumoxid (K_2O) sowie Magnesium (MgO), Calcium (CaO), Schwefel, Spurenelemente und nützliche Mineralstoffe (Quelle: Leitfaden zur Kompostierung im Garten, siehe Serviceteil).

Durch die Kompostierung entsteht aus Garten- und Küchenabfällen ein guter Bodenverbesserer und Dünger.

Bei Gemüse reichen 1 bis 3 Liter pro m^2 reifer Kompost als Grunddüngung vor jeder Gemüsekultur. Gartenabfälle und halbgarer Kompost lassen sich alternativ auch gut in einem Hochbeet oder Hügelbeet verstecken, bis sie verrottet sind.

So baut man das Hochbeet

Zunächst überträgt man die Maße des geplanten Hochbeets auf den Boden. Dann hebt man die Erde im Inneren 25 cm tief aus und legt sie zur Seite. Als Nächstes wird die Beetumrandung gebaut: zuerst die Eckpfosten und die Mittelpfosten, dann die Wände. Der Boden im Inneren wird mit einer Grabgabel etwas gelockert und dann mit Maschendraht ausgelegt. Dieser wird auch an den Seiten hochgezogen, damit Wühlmäuse keine Chance haben. Hochbeete aus Holz erhalten an den Innenwänden eine Folienverkleidung, um das Holz zu schützen. Man befüllt das Hochbeet von unten nach oben mit diesen Materialien – jede Schicht circa 25 cm dick:

- Gehölzschnitt, gut festtreten
- Staudenrückschnitt, Grassoden, feiner Gehölzschnitt, Gestrüpp
- Halbgarer Kompost
- Erde, die man vorher abgetragen hatte

Wenn die alte Erde keine gute Qualität hat, kann man sie durch andere Gartenerde, gekaufte Pflanzerde, beispielsweise torffreie oder torfreduzierte Bioerde oder eigene Erdmischungen ersetzen.

Chilis, Paprika & Co. gedeihen gut im Hochbeet. Hier die Chilisorte 'Bulgarian Carrot' im Hochbeet aus Halbrundhölzern.

Anbau im Hochbeet

Ein Hochbeet ist im Grunde ein verkleideter Komposthaufen. Die durch die Verrottung entstehende Wärme gelangt in den Wurzelbereich und fördert das Wachstum der Pflanzen. Darüber hinaus muss man sich beim Gärtnern im Hochbeet nicht so tief bücken und schont den Rücken.

Hochbeete gibt es aus verschiedenen Materialien, beispielsweise Holz, Holz-Metall-Kombinationen, Stein oder Kunststoff. Es gibt Hochbeete, die direkt mit dem Boden verbunden sind (geeignet für den Garten) und die unten geschlossen sind (zum Aufstellen auf versiegelte Flächen). Im Garten baut man in der Regel ein Hochbeet, das direkt auf dem Boden steht.

Terra Preta

Die Indios Amazoniens haben vor Jahrtausenden ein Verfahren entwickelt, aus Holz- und Pflanzenkohle, Exkrementen, Knochen, Gräten und Kompost eine fruchtbare, dunkle Erde für ihre Waldgärten herzustellen. Weil die Terra Preta durch ihre Nährstoffspeicherfähigkeit die Bodenfruchtbarkeit von sonst armen Böden erhöht, ist man auch bei uns auf sie aufmerksam geworden. Original-Terra-Preta aus Südamerika darf nicht exportiert werden. Bei uns im Handel ist Terra Preta meist ein Bodenverbesserungsgemisch aus organischem Material mit Pflanzenkohle- und Mikroorganismenzugaben. Im Internet findet man Anleitungen zur eigenen Herstellung (siehe auch Serviceteil). Allerdings ziehen viele nach einer Erprobung das Fazit, dass Terra Preta kein Wundermittel ist und dass man auf unseren Böden mit regelmäßiger Kompostausbringung und Gründüngung ähnliche Effekte erzielt. Außerdem sollte man die Herkunft der Bestandteile kritisch hinterfragen, damit der Verbrauch von Holz- und Pflanzenkohle für Terra Preta nicht anderswo zur Entwaldung beiträgt, den Wasserhaushalt beeinträchtigt und den dortigen armen Familien als Energielieferant zum Kochen fehlt.

Bienenfreund (Phazelie) ist nicht nur eine attraktive Gründüngungspflanze, sie ernährt auch wichtige Bestäuber wie Bienen und Hummeln.

Gründüngung

Auch die Gründüngung bringt organische Substanz in den Boden und fördert damit das Bodenleben. Die Wurzeln der Gründüngungspflanzen lockern den Boden. Indem die Pflanzen den Boden bedecken, verringern sie die Wasserverdunstung. Gründüngung bindet außerdem überschüssige Nährstoffe und verwandelt sie in Pflanzenmasse. Arten aus der Familie der Schmetterlingsblütler sammeln sogar Stickstoff.

Wann ist eine Gründüngung zu empfehlen?

Die Einsaat von Gründüngungspflanzen ist beispielsweise sinnvoll und nützlich:

- wenn der Boden vor dem Anbau von Chili, Paprika & Co. verbessert werden soll (dafür eignen sich beispielsweise Ackerbohnen ab Ende Februar)
- zur Dehnung der Fruchtfolge, wenn man die Sommerkultur einmal aussetzen möchte (empfehlenswert um diese Jahreszeit sind beispielsweise Bienenfreund, Buchweizen, Blauer Lein, Luzerne oder Bitterlupinen)
- wenn der Boden ab Herbst nicht genutzt wird (über den Winter wachsen beispielsweise Dinkel, Winterwicke, und Feldsalat)

Gründüngungspflanzen, wie auch Unkräuter, hindert man daran auszusamen, indem man sie vorher abmäht oder aus der Erde zieht. Frieren die Pflanzen im Winter ab, können sie als Mulchdecke auf der Erde liegen bleiben. Im Frühjahr oder vor der ersten Kultur recht man sie ab und gibt sie auf den Kompost.

Die Gründüngung muss in Fruchtfolge und Kulturfolge einbezogen werden. Da Raps und Senf, wie viele Gemüse (Rettich, Radieschen, Kohl, Brokkoli etc.), zu den Kreuzblütlern gehören, sollte auf sie als Gründüngung im Gemüseanbau lieber verzichtet werden.

Empfehlenswerte Gründüngungspflanzen sind beispielsweise Ackerbohne, Bienenfreund, Bitterlupine, Buchweizen, Dinkel, Feldsalat, Lein, Luzerne und Winterwicke.

Bei der Verwendung von Gründüngung muss man einkalkulieren, dass auch diese Pflanzen Nährstoffe und Wasser zum Leben benötigen.

Fruchtfolge und Kulturfolge

Wenn Pflanzen jedes Jahr im gleichen Boden stehen, wirkt sich das in der Regel ertragsmindernd aus. Vor allem können sich dann bodenbürtige Krankheiten leicht ausbreiten. Um dies zu vermeiden, sollten Chili, Paprika & Co. den Platz mit Pflanzen aus anderen Pflanzenfamilien tauschen.

Kulturfolge und Fruchtfolge sind wichtig für den Erhalt der Bodenfruchtbarkeit, das Pflanzenwachstum und die Gesunderhaltung der Pflanzen. Bei beidem sollte man zwischen Stark- und Schwachzehrern sowie der Pflanzenfamilienzugehörigkeit wechseln – und auch eine etwaige Gründüngung ist zu berücksichtigen.

Kulturfolge ist das Aufeinanderfolgen der verschiedenen Pflanzen auf einer Fläche während eines Jahres. Paprika mit seiner langen Kulturzeit ist eine Hauptkultur/Sommerkultur – genauso wie auch Gurken, Tomaten und Auberginen. Vor Paprika kann man im gleichen Jahr beispielsweise Salat,

Kohlrabi oder Rettich, nach Paprika im Herbst Feldsalat, Spinat, Gartenkresse und Winterpostelein anbauen.

Fruchtfolge ist das Aufeinanderfolgen der Hauptkultur von Jahr zu Jahr. Paprika, Chili & Co. gehören zu den Nachtschattengewächsen. Im nächsten Jahr sollte auf der gleichen Fläche nach Möglichkeit nicht wieder ein Nachtschattengewächs stehen, sondern beispielsweise Stangenbohnen, Gurken, Melonen, Okra oder Gartenkräuter.

Gute Nachbarn im Beet (Mischkultur)

Chili, Paprika & Co. vertragen sich gut mit Buschbohnen, Kohlarten, Knoblauch, Dill, Salat, Porree, Sellerie und Spinat, aber auch mit Sommerblumen im gemischten Balkonkasten. Beachten muss man aber den unterschiedlichen Platz- und Nährstoffbedarf der verschiedenen Sorten.

Chili, Paprika & Co eignen sich auch gut für Mischbepflanzungen. Wichtig ist, dass alle Pflanzen genügend Nährstoffe und Wasser erhalten.

Bewässerung

Die Wurzeln von Chili, Paprika & Co. breiten sich im Umkreis von 30 bis 40 cm von der Pflanze knapp unter der Erdoberfläche aus. Sie reichen je nach Sorte bis zu 60 cm in die Tiefe. Wegen der flachen Wurzelausbreitung und der geringen Wurzelmasse stellen Chili, Paprika & Co. etwas höhere Anforderungen an die Wasserversorgung: Es muss häufiger – wenn auch jeweils mengenmäßig weniger – gegossen werden als beispielsweise bei Tomaten. Eine Mulchdecke aus gehäckseltem Stroh oder schwarze Mulchfolie hilft dabei, den Wurzelbereich gleichmäßig feucht zu halten.

In der Regel ist es am besten, morgens zu gießen. An heißen Tagen kann jedoch auch mehrmaliges Gießen notwendig sein. Unabhängig davon, ob man das Wasser von Hand verteilt oder ein Bewässerungssystem installiert, sollte nach Möglichkeit nur in den Wurzelbereich und nicht über die Pflanze bewässert werden. Vor allem abends sollte man vermeiden, die Blätter mit Wasser zu benetzen, und im Gewächshaus durch Lüften auch die Taubildung verhindern, da beides die Ansiedelung von Pilzkrankheiten begünstigt.

Das Gießen mit der Gießkanne wird im Sommer schnell zur Plackerei. Ein Schlauch bringt Erleichterung, aber noch arbeitssparender sind (automatische) Bewässerungssysteme.

Wer Regenwasser auffängt, in Regentonnen sammelt und zum Gießen verwendet, kann Wasser sparen.

Im Winter sollte man im Gewächshaus, Wintergarten oder Zimmer mit abgestandenem Wasser gießen, das die Gewächshaustemperatur angenommen hat.

Wasserqualität

Hinsichtlich der Wasserqualität haben Chili, Paprika und ihre Verwandten keine besonderen Ansprüche.

- Im Freilandbeet können Chili, Paprika & Co. mit Leitungswasser, Regenwasser oder einem Gemisch aus beidem gegossen werden.
- Zum Gießen von Beeten im Gewächshaus sollte der Härtegrad (Gesamthärte) des Wassers auf Dauer nicht über 18 °dH (Grad deutscher Härte) liegen, da sich sonst Salze in zu hoher Konzentration in der Wurzelzone anreichern können. Aber schon ab 15 °dH ist eine Aufbereitung des Wassers sinnvoll, weil dann die Qualität des Gewächshausbodens länger erhalten bleibt.
- Die meisten Topfpflanzen, also auch Chili oder Paprika im Topf, vertragen auf Dauer nur Wasser mit einer Karbonathärte von maximal 15 °dH.

Bei Leitungswasser ist die Qualität von Region zu Region, besonders hinsichtlich der Wasserhärte, unterschiedlich. Auskunft über die regionale Wasserhärte erhält man beim örtlichen Wasserwerk.

Kleine Mengen Wasser (Leitungswasser oder Brunnenwasser) enthärtet man durch Abkochen (entfernt die Karbonathärte). Diese Prozedur verbraucht jedoch Energie und danach muss man warten, bis das Wasser wieder die Umgebungstemperatur erreicht hat. Ein umweltfreundlicherer Weg, die Wasserhärte zu reduzieren, ist das Vermischen des Leitungswassers mit Regenwasser. Im Handel gibt es außerdem Ionenaustauscher zur Wasserenthärtung.

Wasserhärte

Härtebereich	dH (Grad deutscher Härte)
Weich	bis 8,4
Mittel	8,4 bis 14
Hart	mehr als 14

Unabhängig davon, welche Methode man wählt, sollte Wasser nicht unter 5 °dH enthärtet werden, da sonst Pflanzenschäden auftreten können. Die Wasserhärte lässt sich leicht mit einem Indikator aus der Zoohandlung oder Teststäbchen aus dem Chemiefachhandel ermitteln.

Bewässerungssysteme mit und ohne Automatisierung

Wer nicht mit der Gießkanne oder einem Schlauch hantieren möchte, kann ein Bewässerungssystem installieren. Zu empfehlen sind Tropfbewässerungssysteme. Da gibt es das Einrohrsystem und das Kapillarschlauchsystem.

Beim Einrohrsystem wird ein Tropfschlauch verlegt, der in bestimmten Abständen feine Austrittsöffnungen hat – er wird manchmal auch „Makrotropfschlauch" genannt. Das Wasser fließt im Schlauch nahezu drucklos (Druckminderer einbauen) und tropft aus den Öffnungen. Das Einrohrsystem eignet sich für die Bewässerung von Pflanzen in Bodenbeeten und auf Tischen mit Erde, Sand oder Bewässerungsmatten.

Beim Kapillarschlauchsystem (Tropfbewässerung mit „Spaghettischläuchen") gehen von einem Gefäß, Zuleitungs- oder Verteilerschlauch jeweils dünnere Tropfschläuche zu den Pflanzen. Manche Systeme werden über Auf- und Zudrehen der Zufuhr oder bei der automatischen Bewässerung über eine Zeitschaltuhr, einen Feuchtefühler, der ein Signal an eine Steuerungseinheit gibt, eine Kombination daraus oder eine andere Automatik aktiviert. Bei anderen Systemen steht immer Wasser in den Schläuchen, aber am Ende jedes Kapillarschlauches befindet sich ein Feuchtefühler (Tropf-Blumat-System, Beta-8-System/Beckmann).

Tropfbewässerung mit Spaghettischläuchen.

Essig gegen Kalk

Bei längerer Verwendung von hartem Wasser verkalken die Spaghettischläuche. Um den Kalk zu entfernen, kann man beispielsweise Essigwasser durch das System (in einen Eimer) laufen lassen.

Chili, Paprika & Co. erobern Balkone und (Dach-)Terrassen

Paprika- und Chilisorten gedeihen wunderbar in Gefäßen oder Erdesäcken mit einer Pflanzerde, aber auch in völlig erdeloser Kultur (Hydroponik). Dank ihrer leuchtenden Fruchtfarben erfreuen sie nicht nur Selbstversorger, sondern machen auch optisch etwas her.

Chilis, Paprika & Co. sind die idealen Pflanzen für Urban Gardener, Balkon- und Terrassengärtner. Die meisten Sorten fühlen sich auch im Topf oder Kübel wohl und können überall aufgestellt werden.

Anbau in Töpfen, Kübeln, Kästen und anderen Behältnissen

Chili, Paprika & Co. haben eine relativ geringe Wurzelmasse und ihre Wurzeln gehen auch nicht sehr tief. Deshalb eignen sich die meisten Sorten gut für den Anbau in Töpfen, Kübeln, Kästen, Erdsäcken, Tischbeeten etc. Der Vorteil von dieser Art Anbau ist die Flexibilität: Man kann die Pflanzen dorthin stellen, wo man einen Platz bekommt (Urban Gardener), es optisch gerade passt (Balkon- und Terrassengärtner) und/oder dorthin, wo sich die Pflanzen am besten entwickeln können. Die meisten Chili- und Paprikasorten bevorzugen Mitte Mai einen Platz direkt am Haus auf der Sonnenseite, später im Hochsommer kann man sie an einen offenen Platz rücken. Nach dem Sommer stellt man sie zurück an das Wärme abgebende Haus.

Chili, Paprika & Co. überwintern

Fast alle bei uns erhältlichen *Capsicum*-Arten können mehrere Jahre leben, auch die aus der Art *Capsicum annuum*. Allerdings überstehen Chili, Paprika & Co. unsere Winter nicht im Freien, sondern nur an einem frostfreien, hellen Platz, beispielsweise in einem frostfreien Gewächshaus, hinter dem Fenster eines kühlen Raumes oder im Wintergarten. Sorten, die aus tropischen Gebieten stammen, benötigen einen etwas wärmeren Platz mit Temperaturen über 12 °C.

Je wärmer es während der Überwinterung ist, desto heller sollte es sein – deshalb ist in manchen Fällen Zusatzlicht zu empfehlen.

Man kann die Pflanzen vor dem Einräumen zurückschneiden, wenn der Platz knapp ist oder wenn die Triebe sehr lang mit wenigen Blättern ausgestattet sind, dann regt eine Triebkürzung die Verzweigung an. In der kühlen Winterphase werden die Pflanzen weniger gegossen und nicht gedüngt. Anfang März schneidet man abgestorbene Triebe weg, kürzt etwaige überlange Triebe um ein bis zwei Drittel und topft die Pflanzen um. Nach dem Anwachsen im neuen Substrat kann man auch mit dem Düngen beginnen, beispielsweise mit einem organischen Flüssigdünger, den man dem Gießwasser beigibt.

Sobald keine Nachtfröste mehr zu erwarten sind, meist ab Mitte Mai, können die Pflanzen wieder ins Freie. Zunächst stellt man sie an die Hauswand einer Ost-, Süd- oder Westseite. Sobald es sommerlich warm ist und auch nachts die Temperaturen nicht mehr so stark absinken, kann man sie auch an eine exponiertere Stelle rücken. Die Überwinterung lohnt sich nur bei gesunden Pflanzen ausgefallener Sorten.

Während manche Chilisorten ihre Früchte unter dem Blätterkleid verstecken, strecken andere sie ihren Bewunderern entgegen.

Pflanzgefäße

Töpfe, Kübel und Kästen sind meist aus Kunststoff oder Ton, seltener aus Holz oder Stein. Unglasierte Tonwaren (Terrakotta) sind licht-, wasserdampf- und wasserdurchlässig, aber auch schwer und zerbrechlich.

Kunststofftöpfe sind undurchlässig für Luft, Wasser und Wasserdampf, sehr leicht und daher oft nicht ausreichend standfest. Es gibt sie als Pflanztöpfe und Übertöpfe. Für den Topfgarten im Freien müssen oft Maßnahmen ergriffen werden, die die Standfestigkeit erhöhen.

Hat man zu viel gegossen, dauert es lange, bis die Erde in Kunststoff, Holz, Stein und Ähnlichem wieder abtrocknet. Bei unglasierten Tongefäßen ist die Gefahr der Übernässung im Wurzelbereich geringer.

Dadurch, dass aus Tongefäßen ständig Wasser verdampft, sind sie etwas kühler, was im Sommer ein Vorteil ist. Dafür muss öfter gegossen werden.

Die Wannen von Tischbeeten sowie unten geschlossenen Hochbeeten sind meist aus Metall, Holz oder Kunststoff. Holz sollte mit Folie ausgekleidet werden, um es vor Feuchtigkeit zu schützen – allerdings muss man dann, wie auch bei Tischen und Gefäßen aus Metall, Kunststoff oder Stein vorsichtig gießen: lieber öfter wenig als zu viel.

Es gibt aber auch neuere Materialien wie Fiberglas und Edelstahl. Fiberglas ist leicht, aber unterschiedlich bruchsicher und frostfest – abhängig von Gesteinsbestandteilen. Edelstahl muss für den Außeneinsatz rostfrei sein.

Nachhaltiger Topfgebrauch

Wer langlebige Gefäße aus natürlichen Materialien, regional hergestellt, für eine lange Gebrauchsdauer verwendet, handelt nachhaltiger als jemand, der jedes Jahr neue, schicke Kunststofftöpfe in der gerade angesagten Farbe und Form kauft.
Die einfachen Plastikpflanztöpfe, in denen man seine Pflanzen kauft, kann man für die eigene Pflanzenvermehrung wiederverwenden. Ansonsten gehören sie in den gelben Sack, nicht in die Restmülltonne.

Ton ist ein natürliches Material und einer der ältesten Werkstoffe der Kulturgeschichte. Geht ein Tontopf kaputt, kann man die Scherben zur Drainage in anderen Pflanzgefäßen benutzen.

Alle Gefäße benötigen einen Ablauf für überschüssiges Wasser. Um nicht ganz so häufig gießen zu müssen, empfiehlt es sich, Untersetzer oder Übertöpfe zu verwenden. Beide müssen aber bei Regen, oder wenn man zu viel gegossen hat, ausgeleert werden.

Wo es weniger auf die Optik ankommt, kann man auch direkt im Erdesack anbauen.

Pflanzerde

Die Behälter und die Pflanzerde geben den Pflanzenwurzeln Halt und speichern Wasser und Nährstoffe. Je größer der Topf und die Menge an Erde sind, desto größer ist auch der Speicher. Da Chili-, Paprika und ihre Verwandten gerne warm stehen und relativ viel Wasser brauchen, aber gleichzeitig keine Staunässe mögen, sollte man im Zweifelsfall lieber einen größeren Topf wählen.

Als Pflanzerden für Behälter mit Paprika oder Chili eignen sich allgemeine Pflanzerden, spezielle Gemüseerden, Hochbeeterde und eigene Mischungen, die dem ungefähr entsprechen. Es gibt im Gartenfachhandel inzwischen auch solche Erden ohne Torf in Bioqualität. Beispiele sind:

- Ökohum Bio-Universalerde
- Fränkische Bio Blumen- und Pflanzerde (Humuswerk Main-Spessart)
- LBV-Naturschutzerde (Landesbund für Vogelschutz)
- Gold der Erde Pflanzerde torffrei (Palaterra)
- BL Bio T Öko Kultursubstrat (Patzer)

Pflanzerde selbst mischen

Rezept 1 25 % Rindenhumus, 25 % Gartenkompost, 50 % Gartenerde
Rezept 2 35 % Holzfaserstoffe, 30 % Rindenhumus, 25 % Gartenkompost, 10 % Ton

Der Ton bzw. der Tonanteil der Gartenerde bringt feine Poren in die Blumenerde. Wasser, gelöste Nährstoffe und Mineralien werden dadurch vor dem Auswaschen besser geschützt.

Erde sparen, Moore schonen

Torf ist ein begrenzter Rohstoff, der nur sehr langsam nachwächst. Torffreie und torfreduzierte Erden enthalten Alternativen zu Torf wie Rindenhumus und Holzfaserstoffe. Beide gibt es auch biozertifiziert für den ökologischen Anbau.

Wer bisher Torfkultursubstrate, Einheitserden bzw. torfhaltige Blumenerden gewohnt ist, muss sich allerdings etwas umstellen, denn torffreie Pflanzen-/Blumenerden können sich hinsichtlich Struktur, Wasserhaltevermögen, Nährstoffgehalt und Nährstoffumsetzung von den Erden, die wir gewohnt sind, unterscheiden. Deshalb ist es ratsam, vor dem Gießen zu prüfen, ob die Erde noch feucht ist. Das könnte man mit einem Feuchtemesser (Tensiometer) tun, aber der Finger reicht auch – allerdings nur, wenn man wirklich tief bohrt, denn grobe Substrate sind oft oben trocken, aber im Inneren noch ausreichend feucht.

Am Ende des Gartenjahres kann die Gartenerde auf den Kompost – es sei denn es gab größere Probleme mit der Pflanzengesundheit, dann gibt man sie besser in die Biotonne (beim Entsorger erreicht der Kompost höhere Temperaturen). Wenn die Pflanzen gesund durchs Jahr gekommen sind, kann man aber auch nur die obere Hälfte der Pflanzerde wegwerfen und im Folgejahr durch frische Erde ersetzen. Allerdings sollte man dann im nächsten Jahr eine Pflanze aus einer anderen Pflanzenfamilie hineinpflanzen.

Bewässerung

Bewässern kann man die Gefäße von Hand, indem man direkt in die Erde gießt. Es gibt auch Blumenkästen und Töpfe mit eingebautem Wasserspeicher – das Wasser wird über einen Docht aus dem Wasserspeicher zu den Wurzeln geleitet.

Wer viele Pflanzen hat, kann ein Tropfbewässerungssystem anschaffen. Für Pflanzen in Gefäßen eignet sich ein Kapillarschlauchsystem („Spaghettischläuche“), für ein größeres Tischbeet auch ein Makrotropfschlauch.

Zwei Chilisorten in einem Kübel: die hohe Sorte ‘Brazilian Starfish’ und eine niedrigere ‘Habanero’-Sorte.

Wer ein automatisches Bewässerungssystem möchte, kann Tropfsysteme verwenden, die über einen zentralen Fühler und/oder einen kleinen Computer mit Zeitprogrammierung gesteuert werden oder bei denen jeder Tropfer einen Fühler hat, der sich bei Trockenheit automatisch öffnet (Tropf-Blumat- und das BETA-8-System von Beckmann).

Düngung

In der Pflanzerde ist ein kleiner Nährstoffvorrat. Doch etwa zwei Wochen nach der Pflanzung sollte man mit dem Düngen beginnen. Geeignet sind sowohl feste als auch flüssige organische oder organisch-mineralische Dünger. Hier einige Beispiele:

- Hauert Hornoska Spezial (fester, organisch-mineralischer Volldünger)
- Azet Veggie Dünger (fester, rein pflanzlicher Volldünger)
- Engelharts Gemüsedünger Sti-p-Ka (fester, organischer Volldünger)
- Bio Trissol Veggiedünger (flüssiger, rein pflanzlicher Volldünger)
- Compo Bio Kräuterdünger (flüssiger, organisch-mineralischer Stickstoff-Kali-Dünger)

Beim Anbau in Töpfen und Kübeln kann man die Pflanzen dorthin stellen, wo es gerade am besten passt.

Da Düngemittel unterschiedlich konzentriert sind, sollte man sich an die Anleitungen auf der Packung halten. Je nach Witterung wird alle zwei bis vier Wochen etwas nachgedüngt. Man muss seine Pflanzen beobachten, sind sie eher blässlich, wird einmal mehr gedüngt, sind sie sehr dunkelgrün und fett, dann lässt man das Düngen einmal ausfallen. Ab September kann man mit dem Düngen aufhören, denn andernfalls bleiben eventuell ungenutzte Düngereste in der Erde.

Hydroponik, Bioponik und Aquaponik

Beim Anbau auf einem Balkon oder Dach kann das Gewicht eines erdigen Substrats zum Problem werden. Eine mögliche Lösung ist der Anbau in Hydroponik.

Hydroponik ist die Pflanzenkultur in einem anorganischen Substrat, beispielsweise in Steinwollwürfeln oder in Gittertöpfen mit Blähton oder Perlite, die in einer Rinne mit leichtem Gefälle oder einer Wanne mit Anstaumöglichkeit stehen (oder darüber eingehängt werden). Bewässerung und Düngung erfolgen über eine wässrige Nährstofflösung.

Nur spezielle Dünger sind zur Anmischung der Hydroponiknährstofflösung geeignet – es gibt sie in unterschiedlicher Zusammensetzung für die verschiedenen Pflanzen oder deren Wachstumsphasen. Die Konzentration der Nährlösung wird überwacht, indem die elektrische Leitfähigkeit gemessen wird. Die Nährlösung wird meistens über eine der folgenden Möglichkeiten zu den Wurzeln gebracht:

- Ebbe-Flut-System mit periodischer Flutung über eine Zeitschaltuhr
- Nährfilmtechnik (NFT), bei der permanent ein dünner Nährlösungsfilm durch Rinnen mit einem leichten Gefälle läuft
- Feinsprühverfahren

Nur spezielle Dünger sind zur Anmischung der Hydroponiknährstofflösung geeignet – es gibt sie in unterschiedlicher Zusammensetzung für die verschiedenen Pflanzen oder deren Wachstumsphasen. Die Konzentration der Nährlösung wird überwacht, indem die elektrische Leitfähigkeit gemessen wird.

Hydroponiksysteme sollten als geschlossene Systeme konzipiert werden: Überschüssige Nährlösung wird aufgefangen, aufbereitet und wiederverwertet.

Für den Hydroponikanbau ist also einiges an Material (UV-beständige Rinnen oder Wannen, Schläuche, Auffangbehälter etc.), Technik (beispielsweise Pumpen, Messgeräte, eventuell Zeitschaltuhren etc.), Installationsaufwand und Erprobung nötig. Danach läuft es aber fast selbstständig.

Die Bioponik funktioniert im Prinzip wie die Hydroponik, doch werden statt mineralischer Dünger organische Dünger verwendet. Damit der organische Dünger in pflanzenverfügbare mineralische Form umgewandelt wird, müssen mit dem Dünger auch Mikroorganismen in das System eingebracht werden, die die Umwandlungsarbeit übernehmen.

Aquaponik ist eine Kombination von Hydroponik und Aquakultur (Fischzucht). Die Ausscheidungen der Fische dienen als Dünger in der kultur. Webtipps dazu finden Sie im Serviceteil.

Urban Gardening/Urban Farming

Mit dem Trend, in die Stadt zu ziehen, zog auch das Gärtnern in die Stadt. Erwerbsgärtner wollen nah am Kunden anbauen, um Transportkosten einzusparen und die teuren Verteilerorganisationen zu umgehen, und stellen Produktionsgewächshäuser auf die Dächer von Supermärkten und anderen Gebäuden. In manchen Großstädten, vor allem in den USA und in Asien, werden niedrige Gemüsearten sogar in riesigen, beleuchteten Regalen in ehemaligen Fabrikhallen oder in unterirdischen Anlagen angebaut. Möglich ist der vertikale Anbau in Räumen ohne Tageslicht dank spezieller LED-Pflanzenbelichtung in jedem Regalfach.

Auch Freizeitgärtner, Selbstversorger und Gartenaktivisten nutzen neue Orte in der Stadt für ihren Gemüse- und Kräuteranbau: Sie gehen ebenfalls auf Dächer, nutzen ihre Balkone, Fensterbänke oder gärtnern gemeinsam in Hinterhöfen oder auf dafür freigegebenen Flächen der Stadt oder anderer Eigentümer.

Sowohl Erwerbsgärtner als auch Freizeitgärtner, Selbstversorger und Gartenaktivisten bauen teilweise statt im Boden oder in erdeähnlichen Substraten in Hydroponiksystemen an. Erprobt wurden diese schon länger im Erwerbsgartenbau, weil die Gewächshausböden nach vielen Jahren Intensivanbau oft zu stark mit Salzen und Krankheiten belastet waren. Heute kann die Technik fast überall eingesetzt werden. Der Trend geht bei den Freizeitgärtnern und vielen umweltbewussten Gärtnern zur „biologischeren" Variante von Hydroponik – Einsatz von organischen Düngern plus Mikroorganismen statt von rein mineralischem Flüssigdünger.

Gesunderhaltung von Chili, Paprika & Co.

Jeder wünscht sich gesunde Pflanzen und eine reiche Ernte. Und das ist auch möglich: Mit vorbeugenden Maßnahmen verhindert man Krankheiten und Schädlinge, mit Bekämpfungsmaßnahmen reduziert man die Auswirkungen, falls es doch soweit kommt.

Damit Chili, Paprika & Co. erst gar nicht krank werden, versucht man, ihnen Bedingungen zu schaffen, die möglichst denen ihrer Heimat entsprechen, und sie optimal zu versorgen. Das heißt, man stellt sie hell und warm auf, gießt und düngt sie nach ihrem Bedarf.

Außerdem ergreift man weitere vorbeugende Maßnahmen, um ein Auftreten von Schädlingen und Krankheiten zu verhindern. Wenn sich trotzdem Schädlinge ansiedeln oder Krankheiten auftreten, dämmt man diese mit

Blattläuse schädigen direkt durch ihr Saugen und sie können Krankheiten übertragen.

Um die winzigen Spinnmilben frühzeitig zu entdecken, kontrolliert man die Blattunterseiten am besten mit einer Lupe.

Marienkäfer und ihre Larven sind eifrige Blattlausvertilger.

Die Larven der Florfliege ernähren sich von Blattläusen, Thripsen, Milben sowie Woll- und Schmierläusen.

Methoden ein, die anderen Lebewesen möglichst wenig schaden. Vor allem verwendet man keine Pflanzenschutzmittel, die eine Langzeitwirkung haben, denn dann sind auch die Nebenwirkungen auf Nutzorganismen lang anhaltend. Diese sind aber oft die natürlichen Gegenspieler von Schädlingen.

Muss man beispielsweise Schädlinge bekämpfen, nimmt man lieber ein einfaches Kaliseife-Präparat, das nur kurz bei Kontakt wirkt. Das reicht meist aus, um die Schädlinge soweit zu reduzieren, dass die natürlichen Feinde die restliche Arbeit übernehmen können. Manchmal reicht es beispielsweise bei einem Blattlausbefall, die Blattunterseiten mit dem Schlauch abzubrausen. Sind nur Einzelpflanzen betroffen, kann man ein paar Blattläuse auch mit den Fingern zerdrücken (Handschuhe anziehen) oder mit Wasser abspülen (Topf schräg auf den Rasen oder in die Badewanne legen).

Nützlinge gegen Schädlinge

Neben den Helfern aus der Natur gibt es auch Nützlinge, die speziell für die biologische Bekämpfung von Schädlingen gezüchtet werden und die man kaufen kann. Sie haben sich vor allem in Gewächshäusern bewährt, wenn sie beim ersten Befall ausgesetzt werden:

- Raubmilbe *Phytoseiulus persimilis* gegen Spinnmilben
- Florfliege *Chrysoperla* gegen Blattläuse und Thripse
- Gallmücken und Schlupfwespen gegen Blattläuse
- Räuberische Blumenwanze *Orius* gegen Blattläuse, Spinnmilben und Thripse

Im Idealfall stellt sich im Gewächshaus ein natürliches Gleichgewicht ein – es bleiben immer ein paar Schädlinge übrig, sodass die Nützlinge noch Proviant haben und nicht woanders hinfliegen.

Vorbeugen

Die wichtigsten Maßnahmen, damit die Pflanzen erst gar nicht erkranken, sind:

- Nur Sorten anbauen, deren Ansprüche an Klima, Boden und Pflege man erfüllen kann
- Robuste Sorten wählen
- Nur starke, gesunde Jungpflanzen auspflanzen
- Pflanzen in ausreichend weitem Pflanzenabstand für ausgewachsene Pflanze setzen, damit auch später die Luft zwischen den Pflanzen zirkulieren kann; das verhindert Pilzkrankheiten
- Nicht über die Blätter gießen, sondern in den Wurzelbereich
- Natürliche Feinde der Schädlinge fördern
- Keine Pflanzenschutzmittel mit Langzeitwirkung anwenden
- Regelmäßige Kontrollen der Blattober- und Blattunterseiten auf Schädlinge
- Kranke Blätter regelmäßig abknipsen und aus dem Gewächshaus entfernen

Natürliche Feinde fördern

Fast alle Schädlinge haben natürliche Feinde im Garten. Blattläuse werden beispielsweise von Marienkäfern und ihren Larven sowie von den Larven der Florfliegen, Schwebfliegen und Gallmücken vertilgt. Man kann die natürlichen Feinde fördern, indem man nicht schon bei der ersten Blattlaus spritzt, denn die Nützlinge brauchen Futter, um sich anzusiedeln. Man sollte außer-

Was tun gegen Schnecken?

Nacktschnecken sind in vielen Gärten ein Problem. Auch Chili- und Gemüsepaprikapflanzen werden von ihnen nicht verschont. Was man tun kann:

- Verstecke regelmäßig kontrollieren und die Schnecken absammeln oder töten (Messer, Unkrautstecher)
- Schnecken mit Lockpflanzen wie Tagetes woanders hin locken und sie dort absammeln
- Bierfallen aufstellen
- Schneckenzäune um gefährdete Beete anbringen
- Natürliche Feinde fördern, das sind Igel, Frösche, Vögel, Laufkäfer und viele mehr
- Ein umweltschonendes Schneckenkorn wie Ferramol verwenden

dem die Beete und bepflanzten Gefäße nicht zu sauber für den Winter vorbereiten, wie es oft üblich ist, denn Pflanzenreste bieten Nützlingen Verstecke und Unterschlupf während der ungemütlichen Jahreszeit. Ein Kompromiss für die, die unordentliche Beete über den Winter nicht ertragen, ist es, an ein paar weniger einsichtigen Plätzen Verstecke zu belassen oder sogar einzurichten.

Schnecken sind auch für junge Paprikapflanzen eine große Gefahr. Ein sehr wichtiger Schneckenvertilger ist der Igel. Wer ihm Reisig und Laubhaufen als Winterquartier und Versteck im Garten lässt, kann sich über seine Mitarbeit bei der Schneckenbekämpfung freuen. Unterstützer beim Kampf gegen Wühlmäuse bekommt man durch Greifvögel und Hauskatzen.

Heilen

An Symptomen wie Triebsterben, Blattfall, Blattaufhellungen, Blattflecken, klebrigen Belägen, Löchern in den Blättern, untypischer Blatt- oder Blütenentwicklung, Kümmerwuchs und vielem mehr kann man erkennen, dass etwas mit einer Pflanze nicht stimmt. Ursache können Standortprobleme, Pflegefehler, Krankheiten und/oder Schädlingsbefall sein. Manchmal kommen auch mehrere Symptome zusammen und es ist nicht immer einfach festzustellen, wer der ursprüngliche Verursacher ist.

Werden Pflanzen beispielsweise von Blattläusen befallen und können die sich stark vermehren, dann tritt auf den Blättern ein klebriger Belag auf, denn die Läuse verwerten hauptsächlich das Eiweiß aus dem Pflanzensaft, den Zucker scheiden sie aus. Der zuckrige Belag lockt einerseits Ameisen an, die dann beginnen, die Blattläuse wie ihr Weidevieh zu beschützen, andererseits können sich auf dem zuckrigen Belag auch Schwärzepilze ansiedeln. Es würde jetzt nicht viel helfen, die Ameisen oder die Schwärzepilze zu bekämpfen, denn beide sind nur da, weil die Blattläuse auch da sind – tatsächlich ernähren sich weder Ameisen noch die Schwärzepilze von lebendem, pflanzlichem Gewebe. Die Wurzel des Übels ist hier die hohe Zahl an Blattläusen.

Sonnenbrand und Blütenendfäule bei Paprika und Chili

Nicht nur der Befall mit Schädlingen oder Krankheitserregern macht Pflanzen krank, manchmal sind es auch abiotische Faktoren.
Bei sehr starker Sonneneinstrahlung bekommen Chili, Paprika & Co. gelegentlich einen **Sonnenbrand:** Auf den Blättern erscheinen gelbliche Flecke und auf den Früchten eingesunkene Stellen, auf denen sich dann auch noch ein Pilz, *Alternaria tenuis*, ansiedelt, der auf abgestorbenes Gewebe spezialisiert ist. Die Sorten sind unterschiedlich empfindlich. Vorsicht ist beim Umstellen von drinnen nach draußen geboten, denn dann sind die Pflanzen noch nicht an das UV-Licht gewöhnt. Im Hochsommer stehen die Pflanzen auch gerne mal in zweiter Reihe oder man kann ihnen über Mittag einen Sonnenschirm aufspannen, wenn nach einer Schlechtwetterphase plötzlich die Sonne brennt. Pflanzt man Chili und Paprika während einer stark sonnigen Phase ins Gewächshaus, empfiehlt es sich, dies zur Eingewöhnung mittags zu schattieren.
Bei der **Blütenendfäule** werden die Früchte auf der dem Fruchtstängel gegenüberliegenden Seite dunkel. Die betroffene Stelle ist klar von der sonstigen Frucht abgegrenzt. Die Früchte sind nicht zum Verzehr geeignet! Ursache für die Blütenendfäule ist ein Kalziummangel in der Frucht. Dieser Kalziummangel tritt im Sommer auf, wenn es heiß ist und die Früchte wachsen, aber nicht ausreichend Wasser vorhanden ist, mit dem die Pflanzen das Kalzium aus dem Boden bis in die Früchte transportieren können. Auch Pflanzen in relativ kleinen Kübeln können betroffen sein, denn da reicht der Wasservorrat nicht bis zum nächsten Gießen. Gegenmaßnahmen: bessere Kalzium- und Wasserversorgung – letzteres beispielsweise durch eine fühlergesteuerte Tropfbewässerung.

Die wichtigsten Krankheiten und Schädlinge an Chili, Paprika & Co

Schädling	Symptome
Blattläuse	Klebrige Blätter, später mit schwarzem Belag (Rußtau), geflügelte und/oder ungeflügelte 1 bis 3 mm große Tiere; Wuchshemmungen, Missbildungen, Überträger von Viruskrankheiten
Spinnmilben (Rote Spinne)	Blattsprenkelungen und -aufhellungen; auf der Blattunterseite winzige „Pünktchen“, die sich bewegen; bei starkem Befall zunehmend Spinnweben
Thripse	Blattsprenkelungen und -aufhellungen; auf der Blattunterseite 1 bis 2 mm große „Striche“, die sich bewegen; winzige, glänzende Kotflecken, bei Blütenpflanzen helle Sprenkelungen der Blütenblätter
Raupen	Fraßstellen vor allem an Blättern
Nacktschnecken	Fraßstellen an Blättern und Früchten, Schleimspuren (schillern leicht im Licht)
Trauermücken	Erwachsene Mücken schwirren über der Erde, in der Erde findet man glasig weiße Larven mit dunkler Kopfkapsel
Kraut- und Braunfäule *Phytophtora capsici*	Stängel bekommen braune Verfärbungen, Pflanzen sterben ab, Früchte bekommen wässrige Stellen
Grauschimmel (und andere Pilzkrankheiten an Blättern)	Grauer, stäubender Pilzsporenbelag auf Blättern und Früchten
Sklerotinia-Fäule	Helle Flecken am Stängel oberhalb derer der Trieb abstirbt, später Faulstellen mit Pilzgeflecht, darin schwarze Überdauerungsorgane
Keimlingskrankheiten	Ungleichmäßiges Auflaufen der ausgesäten Samen, Keimlinge fallen um und sterben ab
Virosen	Wachstumsstörungen, Missbildungen, Blattscheckungen durch Befall mit einer Viruskrankheit

Bekämpfung
Vorbeugend: natürliche Feinde fördern; bedarfsgerecht düngen **biologisch im Gewächshaus:** Florfliegen *Chrysoperla carnea* **sonstige:** mehrmaliges Spritzen mit einem Kaliseife-Präparat
Vorbeugend: tagsüber die Luftfeuchte durch Sprühen erhöhen **biologisch:** Raubmilbe *Phytoseiulus persimilis* **sonstige:** mehrmaliges Spritzen mit einem Kaliseife- oder Rapsöl-Präparat (vorab Verträglichkeit prüfen)
Vorbeugend: tagsüber die Luftfeuchte durch Sprühen erhöhen **biologisch:** Raubmilben, räuberische Blumenwanzen **sonstige:** mehrmaliges Spritzen mit einem Kaliseife-Präparat
Vorbeugend: Gemüse-Schutznetze **Bekämpfung:** regelmäßig kontrollieren und schon kleine Raupen absammeln
Vorbeugend: Unter Steinen, Brettern, Topfrändern etc. absammeln **Bekämpfung:** mit umweltfreundlichem Schneckenkorn auf Basis von Eisen-III-phosphat
Vorbeugend: optimale Temperatur und weniger Bodenfeuchtigkeit, beleimte Gelbtafeln zum Abfangen **biologisch:** Nematoden gegen Trauermücken und biologische Präparate
Vorbeugend: weite Fruchtfolge; nicht zu viel und nicht direkt an die Pflanze gießen – nur auf die Erde, befallene Pflanzen samt Erde nicht auf den Kompost, sondern in die Müll- oder Biotonne geben
Vorbeugend: nicht über die Pflanze gießen, sondern in den Wurzelbereich, für schnelles Abtrocknen sorgen, regelmäßig ausputzen
Keine Heilung möglich, kranke Pflanzen vernichten, Erde nicht mehr verwenden, sondern über Biotonne entsorgen
Vorbeugend: optimale Keimbedingungen für zügiges Keimen, nicht zu eng säen, gute Aussaaterde verwenden, nach dem Keimen Abdeckung sofort entfernen
Vorbeugend: virusresistente Sorten anbauen, **sonstige Maßnahmen:** befallene Pflanzen entfernen

Arbeitskalender nach Monaten

Januar

Im Januar werden die Saatgutsortimente in Katalogen und online durchforstet und geplant, wie Garten, Terrassen und Balkon genutzt werden sollen: Welche Arten und welche Sorten sollen wann und wo gepflanzt werden. Welche und wie viele Jungpflanzen will man selbst heranziehen, wann muss man damit beginnen und welche Jungpflanzen kauft man zur Pflanzzeit hinzu oder tauscht mit anderen. Beispiele für Saatgut- und Pflanzenanbieter finden Sie im Serviceteil.

Überwinternde Chilipflanzen werden vorsichtig gegossen. Sie müssen einmal wöchentlich auf Schädlinge kontrolliert und eventuell Gegenmaßnahmen ergriffen werden. Tagsüber ist Zusatzbelichtung zu empfehlen.

Februar

- Für Saatgutrestbestände vom Vorjahr kann man eine Keimfähigkeitsprüfung durchführen.
- Frisches Saatgut für die kommende Saison muss man jetzt kaufen/bestellen.
- Ab Ende des Monats wird im warmen Anzuchtgewächshaus mit der Anzucht der Pflanzen begonnen, die Ende April in ein frostfreies Gewächshaus übersiedeln können.
- Überwinternde Chilipflanzen werden mäßig gegossen und wöchentlich auf Schädlinge kontrolliert. Tagsüber ist Zusatzbelichtung zu empfehlen. Lange Triebe kürzt man ein, um die Verzweigung anzuregen.

März

- Ab Monatsmitte beginnt man im warmen Anzuchtgewächshaus mit der Anzucht der Pflanzen, die später ins (hochgestellte) Frühbeet oder ins Freiland gepflanzt werden sollen.
- Die Aussaaten vom letzten Monat, die für das frostfreie Gewächshaus geplant sind, werden pikiert.
- Die überwinternden Chilipflanzen müssen regelmäßig auf Schädlinge kontrolliert und diese eventuell bekämpft werden. Während trüber Phasen ist tagsüber Zusatzbelichtung zu empfehlen. Ende des Monats werden die überwinternden Pflanzen umgetopft und/oder gedüngt – beispielsweise mit Kompost, den man oben auf die Kübelerde gibt.

April

- Die Aussaaten für das Frühbeet und das Freiland sind inzwischen gekeimt und werden pikiert.
- Die bereits pikierten Pflanzen für das Gewächshaus können jetzt schon in größere Einzeltöpfe und Ende des Monats ins frostfreie Gewächshaus umsiedeln.
- Überwinterte Pflanzen siehe März; für Auswinterung siehe Mai.

Damit Chili, Paprika & Co. bei uns reich tragen und bis zur Reife kommen, muss man früh mit den Vorbereitungen beginnen und die Gartensaison bestmöglich nutzen.

Mai

- Ab Ende April/Anfang Mai werden die überwinterten Chilipflanzen ausgewintert. Die empfindlichsten Sorten kommen ins frostfreie Gewächshaus, die anderen an einen warmen Standort auf der Terrasse, später ins Frühbeet und ab Ende Mai auch in offene Freilandbeete.
- Ab Ende April/Anfang Mai pflanzt man Paprika und Chili ins Gewächshaus.
- Ab Mitte Mai werden Paprika und Chili ins Frühbeet, auf Balkon und Terrasse sowie ins Gartenbeet gepflanzt.
- Wer selbst keine oder nicht genügend Pflanzen anziehen konnte, kauft Anfang Mai fertige Jungpflanzen beim Gärtner, auf dem Markt, im Gartencenter oder im Baumarkt mit Pflanzenabteilung.
- Hohe Sorten werden – wie auch Gurken, Auberginen und andere – an Stäben, Spiralstäben oder Ähnlichem befestigt. Unbegrenzt wachsende Sorten kann man zwei- oder dreitriebig ziehen und diese Triebe an Schnüren nach oben leiten. Für mittelhoch wachsende Paprika- und Chilisorten gibt es Stützringe oder es werden weitmaschige (Draht-)Netze gespannt, damit die Pflanzen nicht umfallen.
- Bei großfrüchtigen Paprikasorten wird die Königsblüte – das ist die Blüte zwischen Haupttrieb und erstem Seitentrieb – entfernt, sobald sie erscheint. Das regt zunächst das Triebwachstum an und erhöht indirekt den späteren Fruchtansatz.

Juni

- Alle Pflanzen werden nach Bedarf – lieber öfter mäßig, als selten und zu nass – bewässert und gedüngt.
- Das Aufbinden oder Stützen erfolgt dem Wachstum entsprechend.
- Welke Blätter entfernt man regelmäßig und kontrolliert dabei auch auf Schädlinge.

Juli

- Im Juli ist die Hauptwachstumszeit der Sommergemüse – jedenfalls, wenn das Wetter mitspielt – und die Pflanzen müssen ausreichend Wasser und Dünger bekommen.
- Das Aufbinden wird regelmäßig fortgesetzt, damit keine Triebe abbrechen können, wenn sie nach und nach mehr Fruchtgewicht tragen müssen.
- Wird es im Gewächshaus trotz Lüften zu heiß (über ca. 32 °C), sollte man zusätzlich schattieren.
- Welke Blätter entfernt man regelmäßig und kontrolliert dabei auch auf Schädlinge.

August

- Die Pflegearbeiten setzen sich fort.
- Von vielen Chili- und Gemüsepaprikasorten kann man ab August die ersten reifen Früchte ernten. Der Erntezeitpunkt hängt von der speziellen Sorte, der Aussaatzeit und den Wachstumsbedingungen während der Anzucht und im Verlauf des Sommers ab.

September

- Die Pflegearbeiten werden auch im September fortgesetzt.
- Im September reifen auch die Früchte der langsamer wachsenden bzw. wärmeliebenden Sorten – jedenfalls, wenn sie früh genug angezogen wurden und auch später einen warmen Platz hatten.
- Chili, Paprika & Co. können bis zum Frost draußen bleiben.

Oktober

- Vor allem in sonnenreichen Gegenden reifen auch im Oktober noch Früchte an den Pflanzen. Wird jedoch Frost angesagt, sollte man auch die letzten Früchte, notfalls auch grün, ernten.
- Früchte, die man nicht sofort frisch verzehrt, werden gelagert, getrocknet, eingeweckt oder eingefroren.
- Hat man seine Chilipflanzen in Kübeln oder Töpfen kultiviert und will sie wie Kübelpflanzen überwintern, sollte man sie vor den ersten Nachtfrösten, und tropische Sorten sogar bevor die Tageshöchsttemperatur unter 10 °C sinkt, an den Überwinterungsort bringen. In den meisten Regionen Deutschlands kommt dieser Zeitpunkt im Oktober. Geeignete Überwinterungsplätze sind beispielsweise Kleingewächshäuser, Wintergärten, ausgebaute Blumenfenster oder andere klimatisierbare Räume mit Zusatzlicht für die Fotosynthese. Der Aufwand, den eine Überwinterung mit sich bringt, lohnt sich bei langsam wachsenden Sorten. Nur gesunde Pflanzen sollten überwintert werden. Eventuell die Pflanzen beim Einräumen etwas einkürzen, vor allem wenn der Platz am Winterstandort knapp ist.
- Will man von einzelnen Pflanzen Stecklinge abnehmen, sollte man diese auch schon an einen vor Frost sicheren Ort bringen.

November

- Falls nicht bereits im Oktober geschehen,
- kann man jetzt von gesunden Pflanzen Stecklinge nehmen und diese entweder in Wasser oder einem durchlässigen Substrat bewurzeln. Später werden sie getopft und warm und hell (Zusatzlicht) aufgestellt.
- Die Beete werden nun komplett geräumt.

Dezember

- Getrocknete und eingemachte Früchte oder Fruchtzubereitungen werden regelmäßig auf Verderb kontrolliert.

Sortenvielfalt Chili, Paprika & Co.

Es gibt mehr als 2000 *Capsicum*-Sorten: milde und scharfe, hohe und niedrige, mit Früchten in vielen Farben, Größen und Formen. Die Sortenübersicht zeigt einen kleinen Ausschnitt von im deutschsprachigen Raum oder über das Internet erhältlichen Sorten.

Milde, fruchtige Sorten

In dieser Kategorie sind Chili, Paprika & Co. ganz ohne Schärfe sowie solche mit ganz wenig Schärfe aufgeführt.

'Corno di Toro Rosso'

Zugehörigkeit: *Capsicum annuum*
Schärfe: 0
Pflanzenhöhe: über 100 cm
Anbau: im Beet oder Kübel im Freien oder Gewächshaus
Beschreibung: Die über 15 cm langen, schmalen Früchte dieser wüchsigen, alten italienischen Sorte sind leicht gebogen. Sie sind dickwandig und reifen rot ab. Wegen des intensiven Paprikaaromas sind sie sowohl roh als auch gefüllt, gebraten oder gegrillt sehr beliebt. Mit Einlegen kann man sie lange haltbar machen. Bei der Kultur in einem großen Kübel auf dem Balkon benötigen die Pflanzen einen stabilen Holzstock zur Stütze. Im Beet kann man sie alternativ mit einem stabilen Staudenhalter stützen oder im Gewächshaus auch an Schnüren aufleiten.

'Liebesapfel'

Zugehörigkeit: *Capsicum annuum*
Schärfe: 0
Pflanzenhöhe: bis über 60 cm
Anbau: im Beet oder Kübel im Freien oder Gewächshaus
Beschreibung: Die dickwandigen Früchte dieser Sorte reifen von Grün nach Rot und ähneln einer Fleischtomate. Reif sind sie süß und saftig und bei Feinschmeckern sehr beliebt. Die Sorte ist sehr reichtragend und kommt mit unseren kurzen Sommern und dem kühleren Klima gut zurecht. Bei der Kultur in einem Kübel auf dem Balkon benötigen die Pflanzen einen Stab zur Stabilisierung. Im Beet kann man sie mit einem Netz oder Staudenhalter stützen oder im Gewächshaus auch an Schnüren aufleiten.

‘Paprika Pusztagold’

Zugehörigkeit: *Capsicum annuum*
Schärfe: 0
Pflanzenhöhe: bis über 70 cm hoch
Anbau: im Beet oder Kübel im Freien oder Gewächshaus
Beschreibung: An dieser ungarischen Sorte haben auch Anfänger ihre Freude. Die länglich spitzen bis blockigen Früchte sind fleischig und reifen von Hellgelb über Gelborange bis Rot. Meist werden die Früchte schon gelb geerntet. Wer die Geduld hat, bis zur Rotfärbung zu warten, wird die Süße und das volle Aroma genießen. Die Sorte erfreut auch im Freiland mit guten Erträgen. Im Kübel sollte man die Pflanzen dieser Sorte an einen Stock binden, im Beet kann man sie mit einem Staudenhalter stützen und im Gewächshaus an Schnüren aufleiten.

‘Ophelia’

Zugehörigkeit: *Capsicum annuum*
Schärfe: 0
Pflanzenhöhe: etwa 60 bis 80 cm
Anbau: im Beet oder Kübel an einem geschützten Platz im Freien oder im Gewächshaus
Beschreibung: Die kleinen Früchte dieser Naschsorte reifen orange ab und sind außergewöhnlich süß und vitaminreich. Ihre Haut ist zarter als bei anderen Sorten, weswegen sie bekömmlicher sind. Sie werden besonders für Salate, gefüllt mit Frischkäse sowie als Bestandteil von Suppen und Eintöpfen empfohlen. Wer früh mit der Anzucht beginnt oder nach den Eisheiligen möglichst weit entwickelte Jungpflanzen dieser Sorte kauft, kann sich im Sommer und Herbst über viele Früchten freuen. Die Pflanzen benötigen eine Stütze: einen stabilen Staudenhalter oder Stock, im Gewächshaus kann man sie auch mit Schnüren Richtung Dach leiten.

Schärfegrad: siehe Tabelle Seite 22

'Sweet Chocolate'

Zugehörigkeit: *Capsicum annuum*
Schärfe: bis 2
Pflanzenhöhe: 60 bis 80 cm
Anbau: Beet und Kübel, im Freien und Gewächshaus
Beschreibung: Die teils länglichen, teils blockigen Früchte dieser robusten und ertragreichen Sorte reifen von Grün über Schokoladenbraun bis Rot ab. Sie schmecken süßlich aromatisch und werden vor allem frisch im gemischten Salat geschätzt. Bei der Kultur in einem großen Kübel auf dem Balkon oder der Terrasse benötigen die Pflanzen einen Stock zur Stabilisierung, im Beet sorgen stabile Staudenhalter für festen Stand, im Gewächshaus kann man sie auch an Schnüren aufbinden. Die Sorte ist auch für Anfänger gut geeignet.

'Pinokkio' F1-Hybride

Zugehörigkeit: *Capsicum annuum*
Schärfe: 0
Pflanzenhöhe: 80 bis 100 cm
Anbau: im Beet oder Kübel im Freien oder im Gewächshaus
Beschreibung: Die länglichen, spitzen Früchte dieser reichtragenden Sorte färben sich mit zunehmender Reife von Hellgelb nach Orange. Die Pflanzen sind sehr attraktiv und der süße, aromatische Geschmack macht die Sorte zu einem beliebten Naschobst. Doch genauso eignen sich die Früchte für Salate und zum Grillen. Beim Anbau in einem großen Kübel auf dem Balkon oder der Terrasse benötigen die Pflanzen einen Stab zur Stützung, für das Beet sind stabile Staudenhalter zu empfehlen, im Gewächshaus kann man sie an Schnüren aufbinden. Die Sorte ist auch für Anfänger gut geeignet.

'Multi' F1-Hybride

Zugehörigkeit: *Capsicum annuum*
Schärfe: 0
Pflanzenhöhe: 50 cm
Anbau: im Beet, Kübel oder Balkonkasten im Freien, Frühbeetkasten oder im Gewächshaus
Beschreibung: Die mild-aromatischen Früchte dieser robusten Gemüsepaprikasorte sind blockig und reifen leuchtend goldgelb ab. Sie eignen sich hervorragend als Rohkost-Snack und als Bestandteil von Salaten. Die nur 50 cm großen Pflanzen können auch im Frühbeet angebaut werden, eignen sich aber auch gut für die Topfkultur auf Balkon und Terrasse. Die Sorte lässt sich in einem breiteren Balkonkasten auch mit anderen Pflanzen kombinieren, Gießen und Düngen müssen dem Bedarf der gemischten Bepflanzung angepasst werden.

'Gourmet' F1-Hybride

Zugehörigkeit: *Capsicum annuum*
Schärfe: 0
Pflanzenhöhe: 60 bis 70 cm
Anbau: im Beet oder Kübel im Freien oder im Gewächshaus
Beschreibung: Die Früchte dieser ertragreichen Sorte sind blockig, dickwandig und reifen von Grün nach Orange. Mit zunehmender Reife werden sie süßer und aromatischer. Schon roh sind sie ein Genuss, aber man kann sie auch füllen und/oder braten, schmoren oder grillen. Für den Anbau im Gewächshaus wird der zweitriebige Anbau empfohlen, um den Ertrag zu erhöhen – zwei Haupttriebe lässt man an der Pflanze und leitet sie an Schnüren nach oben. Ansonsten stützt man die Pflanzen mit einem Stab oder einem stabilen Staudenhalter.

'Pantos'

Zugehörigkeit: *Capsicum annuum*
Schärfe: 0
Pflanzenhöhe: 80 bis 150 cm
Anbau: im Beet oder großem Kübel an einem sonnig warmen Platz im Freien, hochgelegten Frühbeet, Folientunnel oder Gewächshaus
Beschreibung: Die Sorte mit den großen, spitzen und saftig-aromatischen Früchten braucht lange bis zur Rotfärbung/Fruchtreife, kann aber auch als grüne Frucht verwendet werden beziehungsweise kann als ausgewachsene, grün geerntete Frucht am Saisonende bei Zimmertemperatur nachreifen. Die Sorte ist sehr wüchsig. Am besten erhalten die Pflanzen einen oder mehrere Stützstäbe oder einen hohen Staudenhalter, in den sie reinwachsen können. Die Aufleitung an Schnüren im Gewächshaus erfordert Konsequenz von Anfang an sowie etwas Vorsicht, damit die Triebe nicht brechen.

'Sweet Dreams'

Zugehörigkeit: *Capsicum annuum*
Schärfe: 0
Pflanzenhöhe: circa 100 cm
Anbau: im Beet oder Kübel im Freien oder Gewächshaus
Beschreibung: Die schmalen, spitzzulaufenden, 15 cm langen Früchte dieser früh reifenden Gemüsepaprika ähneln Peperoni, sind aber mild im Geschmack. Sie reifen von Hellgelb nach Rot und können sowohl unreif als auch rot geerntet und als Rohkost, gefüllt und/oder geschmort genossen werden. Die Pflanzen stützt man mit Stützstäben oder stabilen Staudenhaltern. Im Gewächshaus kann man sie auch an Schnüren aufleiten. Die Sorte ist sehr reichtragend.

‘Bendigo’ F1-Hybride

Zugehörigkeit: *Capsicum annuum*
Schärfe: 0
Pflanzenhöhe: 60 cm
Anbau: im Beet oder Kübel im Freiland oder Gewächshaus
Beschreibung: Die großen, dickfleischigen von Grün nach Rot reifenden Blockfrüchte dieser frühen und ertragreichen Sorte sind süß, saftig und aromatisch. In Geschmacktests gehört die Sorte zu den besten. Die Früchte eignen sich zur Verwendung als Rohkost, Bestandteil von Salaten, können gefüllt und/oder gebraten, geschmort oder gegrillt werden. Die mittelgroßen Pflanzen stützt man mit Stäben oder stabilen Staudenhaltern. Diese robuste Sorte ist auch für Anfänger geeignet.

‘Frühzauber’

Zugehörigkeit: *Capsicum annuum*
Schärfe: 0
Pflanzenhöhe: 50 cm
Anbau: im Beet oder Kübel im Freien oder Gewächshaus
Beschreibung: Die länglich spitzen, dickwandigen Früchte dieser ertragreichen, alten Sorte erinnern an Zipfelmützen von Gartenzwergen. Sie färben sich mit zunehmender Reife von Hellgrün nach Rot und schmecken dann aromatisch süß. Sie eignen sich zum Füllen, als Snack, Bestandteil von Salaten und vielem mehr. Diese früh reifende Sorte trägt reichlich und benötigt einen Stab oder einen Staudenhalter als Stütze. Sie ist auch für Anfänger geeignet.

‘Hungarian Yellow Wax Sweet’

Zugehörigkeit: *Capsicum annuum*
Schärfe: bis 2
Pflanzenhöhe: bis über 70 cm
Anbau: Beet oder Kübel, für Freiland und Gewächshaus geeignet
Beschreibung: Die länglichen, etwa 12 bis 16 cm langen Früchte dieser mittelscharfen, ungarischen Gewürzpaprikasorte haben ein wächsernes Aussehen. Sie sind dickfleischig und reifen von Grün über Hellgelb nach Rot. Geerntet werden sie oft schon hellgelb, obwohl sie später süßer und etwas schärfer sind. Außerdem sehen die Pflanzen sehr attraktiv aus, wenn erst einmal Früchte in mehreren Farben an ihr hängen. Das braucht jedoch etwas Geduld. Die Früchte können roh oder gekocht verwendet werden, schmecken eingelegt, gefüllt, gebraten oder gegrillt. Die Pflanzen sind bei guter Jungpflanzenanzucht kräftig und standfest.

‘Tomatenpaprika gelb’

Zugehörigkeit: *Capsicum annuum*
Schärfe: 0
Pflanzenhöhe: 100 cm
Anbau: im Beet oder Kübel im Freien oder Gewächshaus
Beschreibung: Diese Sorte ist eine Rarität. Ihre flachrunden, dickwandigen Früchte, die gerippt sind und von der Form her Fleischtomaten ähneln, reifen von Grün nach Goldgelb ab. Sie sind mild und süß im Geschmack und bereichern die Küche roh wie gekocht. Auch zum Füllen sind sie gut geeignet. Die Pflanzen benötigen wegen ihrer Höhe eine Stütze: Das kann ein Stab oder ein stabiler Staudenhalter sein. Im Gewächshaus wird man sie in der Regel an Schnüren hochleiten.

'Purple Beauty'

Zugehörigkeit: *Capsicum annuum*
Schärfe: 0
Pflanzenhöhe: 70 cm
Anbau: im Beet oder Kübel an einem warmen Platz im Freien, sonst im Gewächshaus
Beschreibung: Die blockigen, dickwandigen Früchte dieser frühreifenden amerikanischen Sorte färben sich von Grün nach Schwarzviolett und dann nach Rot. Sie sind süß und aromatisch und schmecken roh im Salat und gekocht in Suppen, Soßen, Eintöpfen und gefüllt.

'Medusa' (Naschzipfel)

Zugehörigkeit: *Capsicum annuum*
Schärfe: 0
Pflanzenhöhe: 20 cm
Anbau: im Beet, Topf, Kübel oder gemischten Balkonkasten im Freien oder Gewächshaus
Beschreibung: Die reichlich gebildeten, länglichen, dünnen Früchte dieser dekorativen Sorte färben sich von Blassgelb, über Orange bis Rot und stehen in all diesen Farben über dem Laub – das dadurch aussieht wie das Haupt der Medusa. Sie enthalten keine Schärfe, sodass jeder von ihnen naschen darf. Wenn die Pflanzen als Zierpflanzen gekauft wurden, muss man nachfragen, ob sie zum Verzehr geeignet sind. Die Pflanzen mögen viel Wärme und Licht und sind ein Schmuck für Balkone und Terrassen einer Ost-, Süd- oder Westseite.

Scharfe Schoten

Scharf, schärfer, am schärfsten: Hier sind die Chili, Paprika & Co. aufgeführt mit mindestens Stufe 3.

'Jalastar' F1-Hybride

Zugehörigkeit: *Capsicum annuum*
Schärfe: bei Reife bis 5
Pflanzenhöhe: 50 bis 100 cm
Anbau: im Beet oder im Kübel im Freien und im Gewächshaus
Beschreibung: 'Jalastar' ist eine Jalapeño-Sorte, die für unsere Breiten gezüchtet wurde. Die kleinen, walzenförmigen Früchte reifen von Grün nach Rot ab. Jalapeños stammen aus Mexiko und sind heute besonders in Mexiko und Texas beliebt. Sie werden für Salsa verwendet, Eintöpfen beigegeben, gefüllt, paniert und frittiert, gefüllt und mit Speck ummantelt oder gefüllt und/oder eingelegt. Wegen ihrer Dickfleischigkeit eignen sie sich weniger zum Trocknen, dafür aber zum Räuchern. Wird mit dem Holz des Mesquitebaums geräuchert, werden sie zu einer Würzspezialität: Chipotles.

'Hungarian Yellow Wax Hot'

Zugehörigkeit: *Capsicum annuum*
Schärfe: bis 5
Pflanzenhöhe: bis über 70 cm
Anbau: Beet oder Kübel, für Freiland und Gewächshaus geeignet
Beschreibung: Die etwa 12 bis 16 cm langen Früchte dieser mittelscharfen, ungarischen Gewürzpaprikasorte haben ein wächsernes Aussehen. Sie sind dickfleischig und reifen von Grün über Hellgelb nach Rot. Geerntet werden sie oft schon hellgelb, obwohl sie später süßer und schärfer sind. Außerdem sehen die Pflanzen sehr attraktiv aus, wenn Früchte in mehreren Farben an ihr hängen. Die Früchte können roh oder gekocht verwendet werden, schmecken eingelegt, gefüllt, gebraten oder gegrillt. Die Pflanzen sind bei guter Jungpflanzenanzucht kräftig und standfest.

'Cayennetta' F1-Hybride

Zugehörigkeit: *Capsicum annuum*
Schärfe: 6
Pflanzenhöhe: 50 cm
Anbau: im Kübel, Balkonkasten oder Hängekorb im Freien, unter einem Dach oder im Gewächshaus
Beschreibung: Diese buschig wachsende Zwerg-Chilisorte ist ein Hingucker für Balkon und Terrasse, doch die rot reifenden, 8 cm langen Früchte, die an kleine Peperoni erinnern, haben auch einiges an Feuer in sich. Diese britische Züchtung sollte erst ab Juni ins Freie und dort einen vor scharfen Winden geschützten Platz erhalten. Man kann die Früchte ab etwa Anfang August fortlaufend ernten.

'Feuerküsschen'

Zugehörigkeit: *Capsicum annuum*
Schärfe: 5
Pflanzenhöhe: 20 bis 30 cm
Anbau: im Beet, Topf, Kübel oder gemischten Balkonkasten im Freien oder Gewächshaus
Beschreibung: Die zahlreich gebildeten Früchte, die von der Form her an Zipfelmützen erinnern, färben sich von Grün oder Dunkellila nach Rot und stehen über dem Laub nach außen zeigend. So appetitlich sie aussehen, wegen ihrer Schärfe sind sie nur für Schärfeliebhaber zum Naschen geeignet. Vorausgesetzt auch, die Pflanzen wurden nicht als Zierpflanzen gekauft, dann muss man nachfragen, ob sie überhaupt zum Verzehr geeignet sind. Die Pflanzen mögen Wärme und viel Licht, dann sind sie den ganzen Sommer lang ein Hingucker für Balkone und Terrassen auf einer Ost-, Süd- oder Westseite.

Schärfegrad: siehe Tabelle Seite 22

'Bischofsmütze' (Glockenchili)

Zugehörigkeit: *Capsicum baccatum*
Schärfe: 3 bis 6
Pflanzenhöhe: bis 180 cm
Anbau: im Beet oder Kübel an einem warmen Platz im Freien oder im Gewächshaus
Beschreibung: Die zahlreich gebildeten Früchte, die von der Form her an kleine Glocken oder Bischofsmützen erinnern, färben sich von Grün nach Rot. Sie sind scharf, aber auch aromatisch. Die Früchte werden zu scharfen Soßen verarbeitet oder frisch oder getrocknet und gemahlen als Würze verwendet. Wegen ihrer Dicke halbiert man die Früchte vor dem Trocknen. Die Pflanzen brauchen viel Wärme und Licht und sollten deshalb an einer Ost-, Süd- oder Westseite stehen, um zur Fruchtreife zu gelangen. Als Stütze erhalten sie einen Stab oder stabilen Staudenhalter. Im Gewächshaus kann man sie auch an Schnüren hochleiten.

'Bulgarian Carrot'

Zugehörigkeit: *Capsicum annuum*
Schärfe: 6
Pflanzenhöhe: 60 cm
Anbau: im Beet oder Kübel im Freien oder im Gewächshaus
Beschreibung: Die zahlreichen, fingerförmigen Früchte dieser Sorte aus Bulgarien reifen von Grün zu einem leuchtenden Karottenorange. Mit den aromatischen, scharfen Früchten kann man Soßen und Eintöpfe würzen. Erprobte Schärfegenießer können sie gefüllt oder ungefüllt auch roh am Stück genießen. Die Sorte ist auch für Anbauanfänger gut geeignet.

'Apache' F1-Hybride

Zugehörigkeit: *Capsicum annuum*
Schärfe: 4 bis 8
Pflanzenhöhe: 40 cm
Anbau: im Beet, Topf, Blumenampel, Balkonkasten oder Kübel an einem hellen, geschützten Platz im Freien oder im Gewächshaus
Beschreibung: Die zahlreichen, kleinen, länglichen Früchte dieser sehr scharfen Balkonchilisorte färben sich bei Reife von Grün nach Feuerrot. Sie können mit anderen Zugaben zu scharfen Soßen verarbeitet oder frisch beziehungsweise getrocknet und gemahlen als Würze verwendet werden. Die Pflanzen eignen sich als Hingucker auf der Terrasse oder dem Balkon, solange man Kinder davon abhalten kann, sie zu probieren. Sie brauchen zwar Wärme und Licht, sind aber nicht ganz so anspruchsvoll wie ihre Verwandten aus der Karibik. Als Stütze reicht ein kurzer Stab.

'Lemon Drop'

Zugehörigkeit: *Capsicum baccatum*
Schärfe: 6
Pflanzenhöhe: 60 cm
Anbau: im Beet oder Kübel an einem hellen, geschützten Platz im Freien oder im Gewächshaus
Beschreibung: Die länglichen, spitzen Früchte dieser Sorte aus Bolivien färben sich bei Reife von Grün nach Gelb und entwickeln ein Zitronenaroma. Sie werden zu scharfen Soßen verarbeitet oder frisch oder getrocknet und gemahlen als Würze verwendet. Die Pflanzen brauchen viel Wärme und Licht und sollten deshalb an einer Ost-, Süd- oder Westseite stehen. Als Stütze reicht ein Stab.

'Capperino' F1-Hybride

Zugehörigkeit: *Capsicum annuum*
Schärfe: 5 bis 6
Pflanzenhöhe: 40 cm
Anbau: im Beet, Kübel oder Balkonkasten an sonnigen, warmen, windgeschützten Standorten oder im Gewächshaus
Beschreibung: Diese reich blühende, kompakte Kirschpaprikasorte entwickelt kleine, von Dunkelgrün nach Dunkelrot abreifende, dickwandige Früchte von etwa 3 bis 4 cm Durchmesser. Die mittelscharfen Früchte eignen sich zum Einlegen, Füllen, Grillen, Würzen sowie zur Herstellung von pikantem Paprikapulver. Die aufrecht wachsende, aber niedrige Sorte benötigt in der Regel keine Stütze. Sie setzt Akzente in Kübeln und (gemischten) Balkonkästen auf Balkon und Terrasse.

'Hidalgo'

Zugehörigkeit: *Capsicum frutescens*
Schärfe: 5 bis 7
Pflanzenhöhe: 40 bis 50 cm
Anbau: im Beet oder Kübel an sonnigen, warmen Standorten oder im Gewächshaus
Beschreibung: Diese reichtragende Sorte entwickelt fingerlange, hängende Früchte, die sich von Dunkelgrün nach Rot färben. Die scharfen Früchte eignen sich zum Einlegen und zum Würzen von Soßen, Eintöpfen und anderen feurigen Gerichten. Die relativ niedrige, strauchig wachsende Sorte benötigt in der Regel keine Stütze. Attraktive Sorte für Balkon und Terrasse.

Baumchili 'Rocoto'

Zugehörigkeit: *Capsicum pubescens*
Schärfe: circa 8
Pflanzenhöhe: bis über 200 cm
Anbau: im Beet oder großen Kübel an sonnigen, warmen Standorten oder im Gewächshaus
Beschreibung: Der Baumchili hat seine Heimat in den südamerikanischen Anden und gehört zu den sehr alten Kulturpflanzen. Die äußerst scharfen, relativ dickfleischigen Früchte mit dem fruchtigen Geschmack ähneln kleinen Äpfeln mit circa 4 cm Durchmesser. Sie reifen von Dunkelgrün nach Rot ab. Man kann sie hacken und frisch zum Würzen von Soßen, Eintöpfen und anderen feurigen Gerichten verwenden oder aber gefüllt mit Käse zubereiten. Wegen ihrer Höhe brauchen 'Rocoto'Pflanzen eine Stütze. Sie können im Wintergarten oder Gewächshaus überwintern – sicherheitshalber sollte man sie vor dem ersten Nachtfrost hereinholen.

'Alma Paprika'

Zugehörigkeit: *Capsicum annuum*
Schärfe: circa 3
Pflanzenhöhe: 50 bis 60 cm
Anbau: im Beet oder Kübel im Freien oder im Gewächshaus
Beschreibung: Dieser ungarische Apfelpaprika bildet zahlreiche apfelförmige, dickwandige Früchte mit einem Durchmesser von etwa 5 cm, die von Blassgrün über Orange nach Rot reifen. Mit zunehmender Reife werden sie süßer und schärfer. Man kann sie frisch genießen, einlegen, sie Suppen, Eintöpfen und anderen Gerichten beigeben oder gefüllt zubereiten. Man kann sie aber auch trocknen und zu Paprikagewürz mahlen. Die Sorte ist kräftig und wüchsig, aber wegen der Fruchtlast sind Stützmaßnahmen zu empfehlen.

'Aji Colorado'

Zugehörigkeit: *Capsicum baccatum*
Schärfe: 5 bis 6
Pflanzenhöhe: bis über 90 cm
Anbau: im Beet oder Kübel an einem hellen, warmen Platz im Freien oder im Gewächshaus
Beschreibung: Diese robuste, alte Chilisorte hat ihre Heimat in Bolivien und Peru. Ihre zahlreichen Früchte sind circa 8 cm lang und reifen rot ab. Man verwendet sie zur Herstellung von Salsa oder anderer Gerichte, kann sie aber auch grillen. Haltbar macht man sie durch Einlegen oder Trocknen. Wegen des ausladenden Pflanzenwuchses haben die Pflanzen dieser Sorte einen etwas höheren Platzbedarf.

'Thai Dragon'

Zugehörigkeit: *Capsicum annuum*
Schärfe: 7 bis 8
Pflanzenhöhe: 30 bis 50 cm
Anbau: im Beet oder Kübel an sonnigen, warmen Standorten im Freien, Frühbeet oder im Gewächshaus
Beschreibung: Der Thai-Dragon-Chili ist in Südostasien ein weitverbreiteter Chili. Die buschig wachsenden Pflanzen entwickeln kleine, von Dunkelgrün nach Rot abreifende, längliche Früchte von etwa 5 bis 7 cm Länge. Zur Reife gelangen sie nur, wenn man schon früh mit der Anzucht beginnt, doch sie können auch grün verwendet werden. Die dünnwandigen Früchte lassen sich durch Trocknung haltbar machen.

‘Scotch Bonnet’

Zugehörigkeit: *Capsicum chinense*
Schärfe: 9
Pflanzenhöhe: 60 bis 90 cm
Anbau: im Beet oder Kübel an einem hellen, warmen Platz im Freien oder im Gewächshaus
Beschreibung: Scotch Bonnet bedeutet Schottenmütze, aber die scharfen Früchte mit dem fruchtigen Aroma aus der Karibik ähneln eher Lampions, die sich bei Reife rot oder gelb färben. Sie werden oft mit tropischem Obst zusammen zu fruchtigen Salsas verarbeitet, die zu Gegrilltem gereicht werden. Mit der Anzucht der Jungpflanzen muss man früh anfangen beziehungsweise weit entwickelte Pflanzen im Mai kaufen. Die Pflanzen brauchen an ihrem Sommerplatz viel Wärme und Licht und sollten deshalb an einer Süd- oder Südwestseite oder in einem Gewächshaus stehen, um bis zur Fruchtreife zu gelangen.

‘Brazilian Starfish’

Zugehörigkeit: *Capsicum baccatum*
Schärfe: 7
Pflanzenhöhe: 120 bis 200 cm
Anbau: im Beet oder Kübel an einem warmen Platz im Freien oder im Gewächshaus
Beschreibung: Die wie Seesterne geformten, kleinen Chilifrüchte dieser brasilianischen Sorte reifen von Grün nach Rot. Sie haben ein fruchtiges Aroma gepaart mit Süße und einer gehörigen Portion Schärfe. Die Pflanzen brauchen viel Wärme und viel Licht und sollten deshalb an einer Ost-, Süd- oder Westseite stehen, um bis zur Fruchtreife zu gelangen. Wegen ihrer Höhe benötigen die Pflanzen eine Stütze.

'Habanero Fatalii' (syn. 'Fatalii Yellow')

Zugehörigkeit: *Capsicum chinense*
Schärfe: 10
Pflanzenhöhe: 40 bis 70 cm
Anbau: im Beet oder im Kübel an geschützten, warmen Plätzen im Freien oder im Gewächshaus
Beschreibung: 'Habanero Fatalii' wurde in Afrika gezüchtet. Seine länglichen, spitz zulaufenden Früchte verbergen sich gerne unter den Blättern und man entdeckt sie erst, wenn sie sich von Grün nach Gelb färben. Sie sind sehr scharf und sollten mit großer Vorsicht verarbeitet werden. Neben der sofort einsetzenden Schärfe haben sie auch ein fruchtiges Zitronenaroma. Will man dieses bei der Herstellung von Soßen stärker herausbilden, verwendet man die Schoten entkernt und ohne Plazenta. Die Pflanzen entwickeln sich auch sehr schön auf einem sonnigen Balkon oder einer Terrasse. Man muss allerdings sicherstellen, dass keine Kinder versehentlich probieren.

'Habanero Red Savina' und andere

Zugehörigkeit: *Capsicum chinense*
Schärfe: 10
Pflanzenhöhe: 40 bis über 120 cm
Anbau: im Beet oder im Kübel an geschützten, warmen Plätzen im Freien oder im Gewächshaus
Beschreibung: Es gibt viele Sorten vom 'Habanero'-Typ mit interessanten Fruchtformen, in verschiedenen Größen und in vielen leuchtenden Farben. Sie werden vor allem in Mexiko, Mittelamerika und der Karibik geschätzt, sind aber auch bei den Chilifans hierzulande sehr beliebt. Die Sorten werden unterschiedlich hoch – die niedrigen Sorten beziehungsweise die, bei denen die Spitze gekappt wurde, schmücken auch Balkon und Terrasse, wenn diese sonnig und warm gelegen sind. Die Früchte sind sehr scharf und haben ein fruchtiges Aroma. Die Reifefärbung beginnt aber relativ spät. Weil sie so appetitlich ausschauen, muss man aufpassen, dass nicht Kinder davon naschen wollen. Auch bei der Verarbeitung muss man sehr umsichtig sein.

'Bhut Jolokia Chocolate'

Zugehörigkeit: *Capsicum chinense*
Schärfe: 10+
Pflanzenhöhe: 80 bis 120 cm und weit höher, wenn mehrjährig kultiviert
Anbau: im Beet oder großen Kübel an warmen Standorten im Freien, besser im Gewächshaus
Beschreibung: Die von Grün nach Schokoladenbraun reifenden, schrumpelig wirkenden Früchte dieser extrem scharfen Chilisorte mit dem fruchtigen Aroma sind 6 bis 7 cm lang, etwa 3 cm dick und spitz zulaufend. Die wärmebedürftigen Pflanzen der aus dem Nordosten Indiens stammenden Sorte wachsen buschig und benötigen wegen ihrer Höhe einen Stützstab oder werden im Gewächshaus mit Schnüren nach oben geleitet. Die Sorte ist eher fortgeschrittenen Chilianbauern zu empfehlen. Sie eignet sich zum Trocknen und zur Herstellung von scharfen Soßen. **Vorsicht:** Bei der Verarbeitung sollte man Hände und Augen schützen und hinterher alle Werkzeuge sofort sorgfältig reinigen.

'Carolina Reaper'

Zugehörigkeit: *Capsicum chinense*
Schärfe: 10+++
Pflanzenhöhe: 80 bis 100 cm
Anbau: im Beet oder Kübel an warmen Standorten im Freien oder im Gewächshaus
Beschreibung: Diese extrem scharfe Chilisorte mit Fruchtaroma wurde in South Carolina in den USA gezüchtet. Sie hat kleine Früchte, die Laternen ähneln und von Grün über Orange nach Pinkrot abreifen. Die Pflanzen wachsen buschig und werden mit einem stabilen Staudenhalter oder einem Stock gestützt oder im Gewächshaus an Schnüren nach oben geleitet. Die Sorte ist eher fortgeschrittenen Chilianbauern zu empfehlen. Sie eignet sich zum Trocknen und zur Herstellung von scharfen Soßen. Aktuell ist der 'Carolina Reaper' die schärfste Sorte der Welt. Die Früchte muss man von Kindern fernhalten und sollte sie auch selbst niemals pur essen. Bei der Verarbeitung Hände und Augen schützen und anschließend alle Werkzeuge sofort sorgfältig reinigen.

Gaumen-freuden

Die appetitlichen Früchte mit ihren schönen Formen und leuchtenden Farben erfreuen nicht nur unser Gärtnerherz und unser Auge. Mit der richtigen Verarbeitung und in der richtigen Kombination bringen sie auch unsere Geschmacksknospen zum Frohlocken.

Ernte und Küchenpraxis

Chili, Paprika und Co. besitzen vielfältige Geschmacksrichtungen und Schärfegrade. Nicht nur die Sorteneigenschaften, sondern auch der Reifegrad, die Art der Zubereitung sowie die Kombination miteinander und mit anderen Zutaten bestimmen, wie sie zur Wirkung kommen.

Vor der Fruchtreife kann die Fruchtschale von Gemüsepaprika und Chili dunkelgrün, hellgrün, blassgelb oder fast cremeweiß gefärbt sein, mit zunehmender Reife wird sie goldgelb, orange, rot oder violettschwarz, wobei manche Sorten mit der Reifung verschiedene Farben durchlaufen. In dieser Zeit ändern sich auch der Geschmack, die Schärfe und der Vitamingehalt.

Ernte und Lagerung

Für einzelne Gerichte werden unreife Sorten bevorzugt, sie schmecken meist frischer und herber. Beim eigenen Anbau erntet man sie kurz vor dem Farbumschlag.

Bei den meisten Verwendungen und Rezepten werden jedoch reife Früchte bevorzugt, die bereits ihre Schärfe und ihr Aroma voll entwickelt haben. Auch der Vitamingehalt ist dann in der Regel am höchsten. Man erntet sie einige Tage nach dem Farbumschlag.

Früchte, die man nicht sofort verbraucht, können etwa zehn Tage lang im Kühlschrank gelagert werden, am besten geeignet ist dafür das Gemüse-

Kann man die Früchte von Zierpaprika/Zierchili essen?

Wenn es sich beim Zierpaprika/Zierchili sicher um eine Pflanze der Gattung *Capsicum* handelt, sind die Früchte prinzipiell essbar. Aber bevor man herzhaft hineinbeißt, sollte man bedenken:

- Für Zierpflanzen gelten andere Pflanzenschutzvorschriften als für Gemüse. Die Früchte sind möglicherweise nicht für den Verzehr geeignet.
- Zierchilis sind auf dekoratives Aussehen, weniger auf guten Geschmack gezüchtet worden.
- Die Früchte können je nach Sorte sehr scharf sein.

Wer die gesamte Schärfe ausnutzen möchte, verwendet die Chilischoten samt Samen und Scheidewänden.

fach bei 8 bis 9 °C. Früchte, die in dieser Zeit nicht verbraucht werden können, sollte man so bald wie möglich haltbar machen. Geeignete Methoden werden unter Haltbarmachung beschrieben.

Saatgut aus Früchten gewinnen

Aus frischen, reifen Früchten von Chili, Paprika & Co. kann man Saatgut ernten. Man schneidet sie auf und schabt den Samen heraus. Die Samenkörner werden auf Backpapier oder Ähnlichem ausgebreitet und bei Raumtemperatur zwei bis drei Tage lang getrocknet. Anschließend bewahrt man das Saatgut kühl, trocken und dunkel bis zur Aussaat auf. Die Samen sind etwa drei bis vier Jahre keimfähig.

Die Saatgutgewinnung empfiehlt sich bei Früchten aus der eigenen Ernte, wenn man eine samenechte Sorte angebaut und die Fremdbestäubung durch andere Paprikasorten während der Blüte verhindert hat. Aus den Samen der meisten gekauften Früchte sowie von Hybridsorten entwickeln sich keine einheitlichen Nachkommen.

Schoten vorbereiten

Frisch geerntete Chilis haben eine glänzende Oberfläche und eine frische Farbe und abhängig von der Sorte, den Anbaufaktoren und dem Reifegrad ihren ganz besonderen Geschmack. Durch Trocknung und Zubereitung (beispielsweise Räuchern) können sich weitere Geschmacksnuancen und Aromakomponenten entfalten. Hitze, Kälte oder Trocknung nimmt den Früchten jedoch nichts von ihrer Schärfe.

Rohe Gemüsepaprika

Die Schoten werden gewaschen und trockengetupft. Zum Füllen großer Gemüsepaprikafrüchte schneidet man jede Frucht etwa auf Höhe der Fruchtschulter oder kurz darüber quer durch. So hat man jeweils zwei Teile: eine kleinere Kappe samt Stiel und den größeren hohlen Fruchtkörper. Der Stiel und der Stielansatz werden aus der Kappe herausgeschnitten. Die hellen „Innereien" wie Samen und Samenscheidewände im größeren Hohlkörper werden entfernt, die Füllung wird hineingegeben und die Kappe aufgesetzt. Die gefüllten Schoten garen je nach Rezept im Schmortopf, Römertopf oder im Ofen.

Für die Verwendung als Rohkost-Snack, in Salaten, Eintöpfen oder als Schmorgemüse halbiert man die Früchte längs und entfernt anschließend Stiel samt Stielansatz sowie die hellen Samenscheidewände und Samen im Inneren. Das Fruchtfleisch schneidet man dann je nach Rezept und Geschmack in große oder kleine Stücke oder Streifen.

Vorsicht Brandgefahr!

Im Umgang mit scharfen Schoten ist besondere Vorsicht angebracht. Manche Sorten oder Zubereitungen erfordern Vorsichtsmaßnahmen wie Einweghandschuhe (bei den hohen Schärfestufen eventuell zwei Paar übereinander anziehen) beziehungsweise das Dosieren per Pipette. Eine Brille schützt außerdem vor Spritzern ins Auge.
Bei allen scharfen Sorten sollte man die folgenden Ratschläge beherzigen:

- Nach der Verarbeitung die Hände gründlich mit Seife waschen. Vorher sollte man keinesfalls die Augen reiben, Kontaktlinsen einsetzen, empfindliche Körperteile berühren, das Baby wickeln etc.
- Wenn scharfe Schoten in einem Mixer zerkleinert werden, sollte man das Gefäß mit einem Deckel verschließen. Nach dem Zerkleinerungsvorgang ein wenig warten, bevor man den Deckel öffnet, und noch einmal warten, bevor man sich mit dem Gesicht nähert.
- Für die Zubereitung verwendete Werkzeuge, Brettchen und Geschirr sofort sorgfältig abspülen.

Frische, scharfe Schoten
Die Chilischoten werden gewaschen und trockengetupft. Der Stiel wird samt Kelch abgeschnitten. Wenn man die Schärfe mildern möchte, schneidet man die Schoten längs auf, entfernt Samen und Scheidewände und schneidet die Schoten in kleine Streifen oder Stücke (bei sehr scharfen Sorten am besten mit dem Wiegemesser).

Häuten

Wer Probleme mit dem Magen hat, kann die Bekömmlichkeit von Paprika und Chilis erhöhen, indem er die Früchte häutet. Aber auch manche Rezepte empfehlen die Früchte, vor allem hartschaliger Sorten, zu häuten. Man sollte allerdings bedenken, dass viele der wertvollen Inhaltsstoffe in oder direkt unter der Schale sitzen.

So geht es: Zunächst werden die sauberen Früchte an einer Stelle ein wenig eingeritzt, damit sich in ihnen kein Druck aufbauen kann. Dann legt man sie auf den vorgeheizten Grill, auf ein Backblech im heißen Ofen (200 bis 220 °C), in eine sehr heiße Pfanne ohne Beschichtung (schnell wenden) oder hält sie ins Feuer, bis die Haut Blasen wirft und sich ablöst. Anschließend bedeckt man die Schoten mit einem feuchtkalten Handtuch oder gibt sie in eine Plastiktüte. Nach etwa fünfzehn Minuten sind die Schoten abgekühlt und die Haut lässt sich mit den Fingern oder mithilfe eines Messers abziehen. Statt des Abkühlens unter einem Handtuch oder in der Tüte kann man die heißen Schoten auch in Eiswasser tauchen.

Für Menschen mit empfindlichem Magen: Durch das Abziehen der Haut werden Paprika bekömmlicher.

Würz- und Gemüsepasten

Aus Chili, Paprika & Co. lassen sich hervorragend Würzpasten herstellen, mit denen man Salate, Suppen, Soßen und andere Gerichte würzen kann. Die Herstellung ist ganz einfach: frische oder rehydrierte Schoten aufschneiden, entkernen, Stiel und Stielansatz entfernen und den Rest mit etwas Flüssigkeit und Salz mittels eines Pürierstabs zu einem Brei zerkleinern. Wahlweise kann man die Würzpaste mit Zwiebeln, Knoblauch, Zitronensaft, Olivenöl, weiteren Gemüsen sowie Gewürzen verfeinern, in ein verschließbares, dunkles Glas füllen und im Kühlschrank aufbewahren. Die Haltbarkeit ist abhängig vom Salz- und Säuregehalt.

Ein Beispiel für eine Würzpaste ist die sehr scharfe, jemenitische Würzpaste **Zhoug** aus grünen Chilischoten, Koriandergrün, Petersilie, Knoblauch, Olivenöl, Salz und Pfeffer. Bekannter ist bei uns **Ajvar**, eine Zubereitung aus den Ländern des ehemaligen Jugoslawien, Südosteuropas und der Türkei. Ajvar basiert auf gerösteten und gehäuteten roten Paprikaschoten, Pflanzenöl, Salz und Pfeffer, kann aber mit Zugaben von gerösteten, geschälten Auberginen, Zitronensaft, Peperoni und Knoblauch abgewandelt und/oder verschärft werden.

Salsas

Salsa kommt aus dem Spanischen und heißt Soße. Beliebte mexikanische Salsas sind aus rohen Zutaten hergestellt, die püriert werden und dann einige Zeit im Kühlschrank durchziehen. Bekannte Beispiele sind:
Salsa Mexicana aus Chilis (beispielsweise Jalapeños), Tomaten, Zwiebel, Koriandergrün, Salz und Pfeffer
Salsa Verde aus Chilis (Jalapeños), Tomatillos (Verwandte der Tomaten), Zwiebel, Knoblauch, Koriandergrün, Olivenöl, Salz, Pfeffer, Zucker
Chipotle Salsa aus Chilis (Chipotle), Tomaten, Zwiebeln, Kumin, Olivenöl, Limettensaft, Zucker und Salz

Salsas werden meist zum Dippen von Gemüse oder Chips aber auch als Würze für Fleisch- und Eierspeisen verwendet.

Smoothies mit dem Pfiff

Smoothies sind kalte Mixgetränke aus Früchten und/oder Gemüsen sowie Kräutern und Gewürzen, die püriert und mit Säften, Wasser, Milch, Milchprodukten oder Kokosmilch sämig bis flüssig gemacht werden. Mit der Zugabe von mehr oder weniger frischem oder getrocknetem Chili kann man Smoothies einen extra Pfiff geben.

Frucht-Smoothie-Rezept

Folgende Zutaten pürieren und mit Orangensaft auffüllen, bis der Smoothie so flüssig wie gewünscht ist:

- ½ geschälter Apfel ohne Kernhaus
- ½ geschälte Banane
- Fruchtfleisch einer ½ Papaya oder Mango
- 1 Stück frischer Chilifrucht ohne Kerne, Scheidewände und Stiel

Viele Gerichte erhalten erst durch Chili, Paprika & Co. ihren typischen Geschmack.

Die Chili-Kakao-Combo

Nicht nur Chili, auch Kakao wurde schon von den altamerikanischen Kulturen genutzt. Kakao war beispielsweise bei den Azteken in Form von Kakaobohnen ein Zahlungsmittel und als Schokoladengetränk ein Genussmittel, das aber eher hochgestellten Personen vorbehalten war und als Abschluss einer besonderen Mahlzeit angeboten wurde. Besonders beliebt war das Getränk mit zerriebenem Chili und anderen Zutaten gewürzt – Kombinationen, die man auch in modernen Schokoladen und Schokoladengetränken wiederfindet.

Aphrodisierende Wirkung

Dass Schokolade und Chili einzeln und in Kombination eine liebes- und lebenslustfördernde Wirkung haben, weiß man spätestens seit dem Film „Chocolat" mit Juliette Binoche und Johnny Depp. Wissenschaftlich lässt sich das so begründen: Die Schärfe fördert die Ausschüttung von Glückshormonen und Chili fördert die Durchblutung – auch da, wo es darauf ankommt.

Ein einfach zuzubereitender Liebestrank ist ein heißes Schokoladegetränk (pro Tasse 1 Teelöffel echten Kakao und 1 bis 2 Teelöffel Zucker oder Honig mit etwas Milch glatt rühren und dann unter Rühren mit heißer Milch aufgießen), das man mit etwas Vanille, Zimt und einer Prise Cayennepfeffer würzt.

Wer keine Zeit mit Selbermachen verlieren will: Viele Chocolatiers bieten Schokolade mit dem gewissen Extra an, beispielsweise Leysieffer, Zotter und Lindt.

Haltbarmachung

Frische feurige Schoten sind auch im Kühlschrank nur beschränkt haltbar. Aber wie lassen sich die knackigen Früchte haltbar machen, wenn die Ernte größer ist, als das, was man in ein bis zwei Wochen verzehren kann? Dank einfacher Methoden wie Einfrieren, Einkochen, Einlegen und Trocknen kann man das köstliche Fruchtgemüse beziehungsweise die scharfen Schoten auch außerhalb der Erntesaison genießen.

Scharfe Chilisorten kann man nur in kleinen Mengen genießen. Der Rest der Ernte wird haltbar gemacht.

Einfrieren

- Einfrieren eignet sich besonders zur Haltbarmachung der dickfleischigen Sorten. Geschmack und Schärfe von Chili, Paprika & Co. bleiben beim Einfrieren erhalten. Lediglich die Struktur der Früchte wird nach dem Auftauen weicher.
- Einfrieren kann man ganze oder bereits geschnittene und/oder gehäutete Schoten roh, aber auch fertige Soßen, Suppen, Eintöpfe und andere Zubereitungen. Die Früchte von Chili, Paprika & Co. müssen vor dem Einfrieren nicht blanchiert werden.
- Wer kleine Schoten einfrieren und später einzeln verwenden möchte, muss dafür sorgen, dass sie nicht zusammenkleben. Dazu werden die Früchte zunächst lose in einem Gefäß nebeneinandergelegt und in den Gefrierschrank gestellt. Erst wenn sie gefroren sind, kann man sie platzsparend in einer Gefrierdose oder einem Gefrierbeutel unterbringen.
- Eingefroren sind die Früchte von Chili, Paprika & Co. acht bis zehn Monate haltbar.

Einlegen

- Durch Einlegen in Essig bleiben Gemüse länger haltbar. Chilischoten können beispielsweise im Ganzen oder geschnitten zusammen mit Gewürzen in einem Weißweinessig-Sud eingelegt werden. Wichtig ist, die Behälter vorher zu sterilisieren.
- Vorgehensweise: Man kocht Essig, Wasser, Salz und die Gewürze in einem Topf auf, fügt dann die Chilis und den Knoblauch hinzu und lässt alles fünf Minuten ziehen. Die Schoten holt man mit einem Schaumlöffel aus dem Sud und gibt sie in die sterilen Gläser, die dann mit der Flüssigkeit bis kurz unter den Rand aufgefüllt und verschlossen werden.
- Die Gläser werden am besten in einem dunklen, kühlen Raum aufbewahrt. Eingelegte Chilis, Paprika & Co. sind etwa sechs bis acht Wochen haltbar. Angebrochene Gläser sollte man im Kühlschrank aufbewahren.

Rösten

- Durch Rösten lassen sich getrockneten Chilis ganz neue Geschmacksaromen entlocken beziehungsweise lässt diese Vorbereitung den Geschmack voller werden. Rösten kann man in einer Pfanne, direkt über offenem Feuer oder auf dem Grill. **Achtung:** Nur wenige Sekunden auf jeder Seite erhitzen. Die Schoten können nach dem Rösten gemahlen, als Streuwürze verwendet oder auch rehydriert (eingeweicht) und dann gefüllt oder für die Verarbeitung zu einer Salsa zerkleinert werden.

Trocknen

- Haltbarmachung durch Trocknung ist vor allem für die weniger fleischigen Sorten wie Cayenne-Chilisorten zu empfehlen.
- Die älteste Methode, die schon die Ureinwohner Amerikas anwendeten, ist das Luft- und Sonnentrocknen. Sie funktioniert jedoch nur bei trockenem Klima, außerdem geht ein Großteil des Vitamin C unter dem Einfluss des UV-Lichtes verloren. Hartschalige Sorten werden vor dem Trocknen gehäutet, aufgeschnitten und die Samen und Scheidewände entfernt, dünnschalige, kleine Früchte nur gesäubert. Das Trocknungsgut wird auf einem Tablett oder Rost ausgebreitet und in die Sonne oder an einen warmen, luftigen, halbschattigen Platz gestellt. Schutz vor Insekten bietet eine Insektenschutzglocke aus Gaze.
- Kleine Früchte kann man auf eine reißfeste Schnur fädeln und zum Trocknen an einen luftigen, regengeschützten Platz hängen. Dabei wird am einfachsten ein fester Bindfaden mit einer Nadel durch die Stiele gezogen. An einem Platz ohne direkte Sonne bleiben die Vitamine am besten erhalten.
- In Mexiko, Ungarn und anderen „Chili-Ländern“ werden die kleinen Früchte zu kunstvollen Ketten geflochten und zum Trocknen aufgehängt. Es dauert etwa drei bis sechs Wochen je nach Sorte, Temperatur, Luftfeuchte und Luftzirkulation, bis die Schoten ausreichend trocken sind. Bei dickfleischigen Sorten erreicht man so etwa 10 Prozent des

Nur gesunde, kleine und eher dünnfleischige Früchte eignen sich für das Trocknen als Chiliketten.

Ausgangsgewichtes, bei den dünnfleischigen 30 Prozent.

- Bei einem anderen Trocknungsverfahren werden die Chilipflanzen als Ganzes kurz über dem Boden abgeschnitten und kopfüber an einem luftigen Ort in der Sonne aufgehängt.
- Die sicherste Art des Trocknens, besonders für dickfleischigere Sorten, ist das Trocknen im Backofen oder in einem Dörrgerät. Dazu werden die Schoten gehäutet, Samen und Scheidewände entnommen und das Fruchtfleisch in Streifen oder Stücke geschnitten. Der Backofen wird auf 50 °C und Umluft gestellt. Gedörrt wird bei leicht geöffneter Tür. Für Leute, die öfter Gemüse oder Obst trocknen, lohnt sich die Anschaffung eines Dörrgerätes. Beim Dörren scharfer Schoten sollte man für gute Belüftung des Raumes sorgen.
- Getrocknete Chilis füllt man in dunkle, verschließbare Gläser, die man kühl aufbewahrt. Mit dem Alter nimmt das Aroma trotzdem langsam ab. Länger als sechs Monate sollte man die eigene Überproduktion nicht aufbewahren, sondern sie rechtzeitig verschenken.
- Getrocknete Chilischoten können mithilfe einer (elektrischen) Gewürzmühle, einer Kaffeemühle, die ausschließlich für die Chilischoten genutzt wird, oder mit dem Mörser zu Streugewürz verarbeitet werden. Dazu sollten die Schoten möglichst trocken sein.

Getrocknete Schoten wiederbeleben

Getrocknete Schoten oder Fruchtstücke können rehydriert (das entzogene Wasser zurückgeführt) werden. Dazu entfernt man die Stiele und legt die Schoten etwa eine halbe Stunde in warmes Wasser oder Brühe. Sie können dann wie frische Früchte beispielsweise für Soßen verwendet oder gefüllt werden.

Scharfe Soßen haltbarmachen

Gerade wer die schönen, scharfen Sorten anbaut, steht am Ende der Gartensaison vor einer Erntemenge, die frisch nicht in der Zeit der normalen Haltbarkeit verbraucht werden kann. Die normalen scharfen Soßen, die man zum Grillen oder zum Verzehr mit einer bestimmten Speise zubereitet, sind keine zwei Wochen haltbar.

Scharfe Soßen, die länger haltbar sein sollen, müssen unter sehr sauberen Bedingungen eingekocht sein oder heiß abgefüllt werden. Bei beiden Verfahren nimmt man besser kleine Gläser als große, denn sobald ein Glas geöffnet ist, ist die Soße auch im Kühlschrank nur noch kurze Zeit haltbar.

Einkochen von Soßen im Topf auf dem Herd:

- Schraubgläser (Twist-off-Gläser) oder Einmachgläser von gleicher Größe vorbereiten
- Soße nach Rezept zubereiten, beispielsweise aus (gerösteten) Chilis, pürierten gehäuteten Tomaten und Gewürzen
- Soße in die Gläser füllen, ohne den Rand zu bekleckern, und diese verschließen
- Die Gläser in den Topf stellen
- Topf so hoch mit Wasser füllen, dass die Gläser zu ¾ im Wasser stehen
- Das Wasser im Topf langsam erhitzen; die etwa 25 Minuten Einkochzeit beginnen mit dem Kochen des Wassers
- Nach der Einkochzeit nimmt man die Gläser aus dem Topf und lässt sie an einem zugfreien Platz abkühlen

Heißabfüllen von gekochten Soßen:

- Schraubgläser (Twist-off-Gläser) oder Einweckgläser sterilisieren
- Zutaten nach Rezept vorbereiten, in einem Topf weich garen, pürieren und weiterkochen
- Die heiße Soße in die Twist-off-Gläser füllen und diese verschließen

Wenn die Gläser kalt sind, werden sie etikettiert und an einen kühlen, dunklen Ort gestellt. Die Haltbarkeit der Soßen hängt vom Rezept und dem Säuregehalt des Produktes ab.

Zur Herstellung von scharfen Soßen ist ein hoher Einkochtopf zu empfehlen.

Scharfe Würzsoße vom Balkan

Diese Soße kann man mit beiden beschriebenen Verfahren haltbarer machen.

Zutaten für 2 bis 3 Personen:
1 rote Paprika
1 grüne Paprika
3 große Tomaten
1 große Zwiebel
1 EL Olivenöl
2 kleine Gewürzgurken
Pfeffer
Salz
1 EL Paprika edelsüß
1 kleine Dose Tomatenmark
1 bis 2 EL Zucker
1 bis 2 EL Essig
1 bis 2 EL frisch gehackte Petersilie

- Die Paprikaschoten sorgfältig waschen, Stiel, Samen und Scheidewände entfernen und das Fruchtfleisch in dünne Streifen schneiden
- Die Tomaten waschen und den Stielansatz herausschneiden, Fruchtfleisch in Stücke schneiden
- Die Zwiebeln schälen, halbieren und in Scheiben schneiden
- Die Gewürzgurken fein hacken
- Das Olivenöl in einer beschichteten Pfanne erhitzen (nicht zu heiß) und die Zwiebeln darin glasig werden lassen
- Paprika zu den Zwiebeln geben und leicht anbraten
- Mit Paprikapulver bestäuben und rühren (nicht anbrennen lassen, wird sonst bitter)
- Die Tomatenstücke hinzufügen und unter Rühren mitkochen, bis sie aufgelöst sind
- Gehackte Gürkchen dazugeben und etwas einkochen lassen
- Mit Salz, Pfeffer, Essig, Tomatenmark und Zucker abschmecken
- Vor dem Servieren mit etwas Petersilie bestreuen

Passt zu Gebratenem und Gegrilltem (Fleisch, Wurst, Gemüse). Die Soße lässt sich mit gekochtem Mais (z. B. aus der Dose), eingelegtem Tomatenpaprika, Silberzwiebeln und/oder anderem Gemüse variieren. Mit Zugabe von ein bis zwei fein gehackten Chilischoten oder ein paar Spritzern einer scharfen Soße (z. B. Tabasco) wird sie richtig feurig. Rezepte für scharfe Soßen (Hot Sauces) findet man unter anderem bei Pepperworld im Internet (siehe Serviceteil).

Die fünf besten Rezepte

Chili, Paprika & Co. haben ihren Platz in fast allen Küchen der Welt – in Vorspeisen und Hauptspeisen, in Suppen, Salaten, Beilagen und Soßen. In Kochbüchern und online findet man unzählige Rezepte, mit etwas Mut kann man sie abwandeln oder auch neue erfinden.

Die Schlankmacher

Chili, Paprika und ihre Verwandten haben nicht nur viele Vitamine und andere wertvolle Inhaltsstoffe, sondern sind auch noch kalorienarm und ballaststoffreich. Den scharfen Schoten wird sogar eine stoffwechselanregende Wirkung nachgesagt.
Auf jeden Fall füllen sie den Magen und sättigen, aber belasten kaum die Kalorienbilanz. Bedarfsgerechte Ernährung mit viel Chili und Paprika zusammen mit regelmäßiger Bewegung lässt die Pfunde purzeln.

Chili sin Carne

Dieser Chili-Gemüse-Eintopf ist ein tolles Partygericht, denn man kann ihn ganz entspannt schon am Tag vorher zubereiten und er eignet sich auch für Vegetarier und Veganer. Weiß man, dass auch Gäste dabei sind, die Fleisch essen möchten, kann man dazu Hackfleischbällchen (Frikadellen) oder Gegrilltes anbieten.

Zutaten für 4 bis 6 Personen:
1 Chilischote ('Habanero'-Sorte oder andere Sorte nach Geschmack)
1 Stange Lauch
1 rote Gemüsepaprikaschote
1 grüne Gemüsepaprikaschote
2 Dosen Kidneybohnen (420 g) oder eingeweichte Kidneybohnen
1 Glas Weiße Bohnen (680 g), eingeweichte weiße Bohnen oder Mais
1 Tetrapack Tomatenfruchtfleisch (500 g) oder 3 bis 4 Fleischtomaten bzw. 7 bis 8 Romatomaten
1 sehr kleine Prise Bohnenkraut
1 Prise Majoran
Optional: Kreuzkümmel nach Geschmack
Salz
3 bis 4 EL Pflanzenöl

Variante: Wer die Illusion von Fleisch möchte, kann eingeweichtes Sojagranulat anbraten, würzen und etwa 30 Minuten vor Ende der Garzeit hinzufügen. Das Gericht ist aber auch ohne sehr sättigend.

Schärfe dosieren

Will man die Schärfe einer Chilischote reduzieren, entfernt man die inneren hellen Fruchtbestandteile wie Samen und Zwischenwände.
Falls ein Chiligericht doch mal zu scharf wird, kann man es je nach Rezept mit Gemüse (Tomaten, Mais, Bohnen), Brühe, Sahne, Käse sowie Nudeln oder Reis strecken, ohne dass es seinen typischen Charakter verliert.

- Gemüse waschen
- Porree in Röllchen schneiden
- Pflanzenöl in einen großen Topf geben und diesen auf den Herd stellen (mittlere Temperatur)
- Geschnittenen Porree in den Topf geben
- Paprika in Streifen oder Würfel schneiden
- Paprika zum Porree in den Topf geben und umrühren
- Chili auf einem Brettchen der Länge nach durchschneiden, das Innere herauslösen und wegwerfen; Chili fein schneiden und in den Topf geben
- Umrühren und Gemüse etwas andünsten lassen
- Bohnen und Tomatenfruchtfleisch in den Topf geben, Bohnenkraut und Majoran dazugeben
- Mindestens eine Stunde kochen lassen, besser länger; gelegentlich umrühren; bei Bedarf etwas Flüssigkeit (Wasser oder Brühe) hinzufügen; mit Salz und anderen Gewürzen abschmecken

Dazu Reis oder Baguette servieren.

Gefüllte Paprikaschoten

Chili, Paprika & Co. können auf vielerlei Arten gefüllt und zubereitet werden: Kleine Schoten kann man mit Käse nach Wahl füllen, mit Mehl, Ei und Semmelbrösel panieren und in Fett ausbacken. Große Schoten lassen sich mit Hackfleisch-Zwiebel- oder Reis-Gemüse-(Käse-)Mischungen füllen, werden dann im Topf oder Backofen gegart und mit Käse überschmolzen.

Hier eines von vielen Rezepten für mit Hackfleisch gefüllte und mit Käse überbackene Paprikaschoten mit fruchtiger Soße.

Zutaten für 2 bis 3 Personen:

Für die Paprikaschoten

3 bis 4 grüne, gelbe oder rote Paprikaschoten
300 g gemischtes Hackfleisch
½ altes Brötchen oder ersatzweise 2 Scheiben Weißbrot
1 Zwiebel
1 Ei
Etwas frische oder eingefrorene Blattpetersilie
Cayennepfeffer, Salz und Pfeffer
Optional: Gouda oder anderen Käse nach Geschmack

Für die Soße

1 Schalotte (oder eine kleine Zwiebel)
2 EL Tomatenmark oder stark eingekochte, selbst vorab hergestellte Tomatensoße
2 EL Ajvar mild oder scharf, je nach Geschmack
2 EL Pflanzenöl
300 ml heiße Gemüsebrühe
Salz, Cayennepfeffer, Zucker

- Das Brötchen etwa ½ Stunde in Wasser einweichen
- In der Zwischenzeit die Schalotte für die Soße fein hacken, das Pflanzenöl in einem Topf erhitzen und die Schalotte darin anbraten; eine Prise Zucker darüber streuen, Tomatenmark und Ajvar dazugeben und mitschwitzen; mit heißer Brühe aufgießen und umrühren; beiseitestellen.
- Für die gefüllten Schoten: Paprikafrüchte waschen, trocken tupfen und jede etwas oberhalb der Fruchtschulter quer durchschneiden; aus der Kappe den Stiel und den Stielansatz und aus dem Fruchtkörper die „Innereien“ entfernen
- Die Zwiebel und die Petersilie sehr fein schneiden/wiegen
- Das Brötchen ausdrücken
- Das Hackfleisch mit dem Brötchen, dem Ei, den gehackten Zwiebeln, dem Paprika, Cayennepfeffer sowie etwas Salz mischen und durchkneten, bis der Fleischteig einheitlich ist
- Die Hackfleischmischung auf die Paprikaschoten verteilen und die Kappe aufsetzen
- Backofen vorheizen
- Die gefüllten Schoten in eine Auflaufform stellen, die Soße dazu gießen und im Backofen 40 Minuten garen; gelegentlich Soße mit einem Löffel über die Schoten geben; zum Schluss optional ein bis zwei Scheiben Käse über jede gefüllte Schote legen; vor dem Servieren die Soße mit Salz, Zucker und Cayennepfeffer und weiteren Gewürzen nach persönlichen Vorlieben abschmecken

Dazu passt Reis oder Kartoffelpüree.

Chili-Gemüse mit Pasta und Schafskäse

Die Kombination aus scharfem Chili, Knoblauch und Nudeln in diesem bunten Nudeltopf wirkt sehr entspannend. Nach dem Essen sollte man sich ein Ruhepäuschen oder einen Mittagsschlaf gönnen können.

Zutaten für 2 bis 3 Personen:
1 große Gemüsepaprikaschote
½ große Zucchini
½ große Aubergine
3 bis 4 mittelgroße Tomaten oder ersatzweise stückige Tomaten aus der Dose
2 Zehen Knoblauch
1 bis 2 gehackte Frühlingszwiebeln
1 Stückchen Chili 'Habanero Fatalii'
100 g guter, würziger Schafskäse
2 Prisen Zucker
Salz und Pfeffer
3 bis 4 EL Olivenöl
350 g rohe Fusilli oder andere Nudeln

A pepper a day keeps the doctor away?

Früher sagte man: „Ein Apfel am Tag erspart den Arzt" („*An apple a day keeps the doctor away*"). Aber dieses Sprichwort könnte auch auf Chili, Paprika und Co. (*pepper*) gemünzt sein, denn diese Fruchtgemüse sind besonders reich an Vitamin C und sekundären Pflanzeninhaltsstoffen, die direkt auf die Abwehrkräfte wirken.

- Topf mit Salzwasser für die Nudeln aufsetzen
- Olivenöl in einer großen beschichteten Pfanne erwärmen
- Aubergine erst der Länge nach in grobe Stücke und diese dann in kleine, dünne Scheiben schneiden
- Auberginenscheiben in die Pfanne geben
- Sobald das Wasser kocht, die Nudeln hineingeben und die Herdplatte herunterschalten
- Paprikaschote in kleine Streifen oder Stücke schneiden und in die Pfanne zu den Auberginen geben
- Zucchini klein schneiden und ebenfalls zum Gemüse geben
- Die zwei Prisen Zucker über das Gemüse streuen
- Gemüse unter gelegentlichem Rühren bei mittlerer Hitze braten
- Tomaten in kleine Stücke schneiden, den Knoblauch hacken und die Frühlingszwiebeln in Röllchen schneiden
- Die Tomaten zum Gemüse in die Pfanne geben
- Etwas später Knoblauch hinzufügen und mitdünsten
- Frühlingszwiebeln und Schafskäse hinzufügen
- Nudeln abgießen, sobald sie gar sind
- Chili vorsichtig sehr fein hacken
- Herdplatte abschalten
- Chili unter das Gemüse mischen
- Nudeln zum Gemüse geben
- Sorgfältig umrühren und alles noch ein bis zwei Minuten durchziehen lassen
- Mit Salz und Pfeffer abschmecken
- Servieren

Mit einem großen gemischten Salat dazu kann man im Sommer mit diesem Gericht auch drei bis vier Personen satt bekommen.

Kichererbsenpüree mit Pfiff

Schon Plato und Sokrates sollen Hummus zu schätzen gewusst haben. Diese Version von Hummus bi Tahina mit frischem Chili hat das gewisse Extra. Man kann dieses Kichererbsenpüree als Vorspeise oder als Beilage zu Gegrilltem und Fleischgerichten genießen.

Zutaten für 2 bis 3 Personen:
200 g eingeweichte Kichererbsen
Saft von 1 bis 2 Zitronen
2 bis 3 Knoblauchzehen
2 EL Sesam-Paste (Tahina)
1 Chilischote oder Chili nach Geschmack
1 TL Delikatess-Paprikapulver (oder edelsüß)
1 EL Olivenöl
1 EL Petersilie
(1 TL Kreuzkümmel)
Salz, Cayennepfeffer nach Geschmack
Für die Garnitur: Salatblätter, fein gewürfelte rote oder gelbe Paprikaschote, Chilischote und/oder einige Petersilienblättchen

- Die eingeweichten Kichererbsen abseihen und eine Stunde in Salzwasser kochen; ein wenig vom Kochwasser auffangen, den Rest abgießen
- Petersilie waschen und fein hacken
- Die Knoblauchzehen schälen und fein hacken
- Die Zitronen auspressen
- Die Chilischote waschen, Stiel und Stielansatz entfernen, die Schote längs aufschneiden und eventuell entkernen, um die Schärfe zu reduzieren; anschließend hacken
- Alle Zutaten (bis auf die Garnitur) zusammengeben und pürieren; es sollte ein cremiger Brei entstehen; Kreuzkümmel lässt das Gericht „orientalischer“ schmecken, ist aber nicht unbedingt nötig; eventuell noch etwas von dem Kochwasser hinzufügen, falls man eine weichere Konsistenz bevorzugt
- Den Hummus abdecken und eine Stunde kalt stellen, damit er durchziehen kann
- Mit Salz und Cayennepfeffer und eventuell noch etwas Zitronensaft abschmecken
- Hände und Werkzeuge waschen
- Den fertigen Hummus auf einem Teller oder in einer kleinen Schüssel auf einigen Salatblättern anrichten und mit einer Chilischote, Paprikastücken sowie der Petersilie dekorieren

Zu dieser pikanten Kichererbsen-Sesamcreme passen gegrilltes Fladenbrot und Gemüseschnitze. Hummus ist auch ein toller „Dipp“ zum Mitbringen für Grillfeste.

Paprikapulver richtig anwenden

Paprikapulver darf wegen des enthaltenen Zuckers nicht überhitzt werden. Bei Rezepten, die das Anschwitzen von Paprikapulver im Fett vorsehen, sollte man es nur soweit erhitzen, dass es karamellisiert, aber nicht bitter wird.

Kichererbsenpüree, Hummus bi Tahina, kann man auch zur Grillparty mitbringen.

Hilfe, wenn es brennt!

Die Verträglichkeit von Schärfe lässt sich langsam steigern, indem man seine Speisen nach und nach schärfer würzt. Hat man aber versehentlich in eine zu scharfe Frucht oder ein Fruchtstückchen gebissen, hilft am besten Fetthaltiges wie (Toastbrot mit) Nutella oder Mascarpone. Kalte Milch oder Wasser neutralisieren die Schärfe des Capsaicins nicht, sie lindern nur den Schmerz für den Moment des Kontakts.

Brunchkartoffeln mit Jalapeños und Spiegelei

Diese pikanten Bratkartoffeln mit Spiegelei sind von der Tex-Mex-Küche inspiriert. Sie sind ein hervorragender Fitmacher nach einer anstrengenden Woche oder nach einer langen Nacht. Kartoffeln mit Ei sind eine gute Kombination für den Aufbau von körpereigenem Eiweiß. Auch Tomaten, Avocado und Chili enthalten viele wertvolle Inhaltsstoffe.

Zutaten für 2 bis 3 Personen:
6 bis 8 mittelgroße Pellkartoffeln, gepellt und in Scheiben
2 EL Pflanzenöl
1 Zwiebel
½ TL Kümmel
3 bis 4 Tomaten
Eingelegte Jalapeños oder andere nicht zu scharfe Chilis nach Geschmack (ersatzweise kann man auch Tabasco-Soße nehmen)
Salz
1 bis 2 Eier pro Person
½ Avocado
100 g Käse (Gouda, Butterkäse o. ä.) am Stück

- In einer großen, beschichteten Pfanne Pflanzenöl erhitzen
- Kartoffelscheiben hinzugeben
- Kümmel hinzufügen
- Zwiebel schälen, hacken und zu den Kartoffeln in die Pfanne geben und alles unter Rühren leicht anbraten; **Vorsicht:** Die Zwiebeln sollen weich, aber nicht zu dunkel werden
- Tomaten waschen, trocknen und in nicht zu dicke Stücke schneiden; die Tomatenstücke zu den Kartoffeln geben und mitbraten
- Jalapeños nach Geschmack und Schärfeverträglichkeit hinzufügen
- In einer anderen, beschichteten Pfanne Spiegeleier braten
- Avocado schälen, den Kern entnehmen und in dünne Scheiben oder Stücke schneiden
- Käse in Streifen schneiden
- Jeweils gebratene Kartoffeln, Spiegeleier sowie jeweils ein paar Scheiben Avocado und einige Stückchen Käse auf dem Teller anrichten

Kochen für Gäste

Wer Chililiebhaber und an die Schärfe gewohnt ist, muss an seine Gäste denken: Lieber weniger scharf kochen, aber die Möglichkeit zum Nachwürzen geben, beispielsweise eine Gewürzmühle mit getrockneten Schoten oder eine Schale mit scharfer Würzsoße oder eingelegtem Chili auf den Tisch stellen.

Gesund und glücklich mit den knackigen Früchten

Chili, Paprika und Co. sind prallvoll mit Gesundheit. Zwar enthalten sie wie die meisten unserer Fruchtgemüse viel Wasser (etwa 91 Prozent), doch der Rest ist Gesundheit pur. Mit ihrem Vitamin-C-Gehalt übertreffen sie auch Zitrusfrüchte.

Vitaminbomben

- Der Vitamin-C-Gehalt von Paprika steigt mit zunehmendem Reifegrad. Im Durchschnitt enthält roter Paprika um die 200 mg Vitamin C/100 g Frischfrucht, möglich sind je nach Sorte bis zu 400 mg Vitamin C/100 g Frischfrucht. Der grüne, also noch unreife Paprika enthält im Durchschnitt nur etwa 130 mg.
- Vitamin C ist wichtig für Haut, Knochen, Zähne und Bindegewebe. Es fördert die Aufnahme von Eisen und steigert die Abwehrkräfte. Da Verarbeitung und Lagerung den Gehalt an Vitamin C reduziert, sollte man Paprika ab und zu roh genießen. Mit dem Verzehr einiger roher Paprikaschnitze deckt man bereits den Tagesbedarf an Vitamin C (ca. 100 mg/Tag).
- Vitamin A ist wichtig für die Augen, die Haut und die Schleimhäute. Vitamin A ist nur in tierischen Lebensmitteln enthalten, doch Pflanzen enthalten Provitamin-A-Karotinoide. Das sind Pflanzenfarbstoffe, die im Körper zu Vitamin A (Retinol) umgewandelt werden.

Voll mit sekundären Pflanzenstoffen

- Eine wichtige Gruppe von sekundären Pflanzeninhaltsstoffen sind die Karotinoide, aus denen unser Körper Vitamin A herstellen kann. Insgesamt gibt es etwa 50 Karotinoide.
- Chili, Paprika & Co. sind auch Spitzenreiter unter den Karotinoid-Lieferanten. Während der Reife verfärben sich die Früchte von Chili, Paprika & Co., dabei steigt ihr Gehalt an Karotinoiden von etwa 0,7 mg auf 30 g pro 100 g Frischfrucht. Das Haupt-Karotinoid in Chili, Paprika und Co. ist das Capsanthin, ein roter Farbstoff. Es macht bis zu 35 Prozent des Karotingemisches in roten Paprika- und Chilischoten aus. Aus Capsanthin wird zwar kein Vitamin A gebildet, aber es wirkt als Antioxidans und Radikalenfänger. Die freien Radikale sind an Krebsentstehung und am Alterungsprozess beteiligt. Die schützende Wirkung basiert auf dem Zusammenspiel verschiedener Karotinoide, Vitamine und anderer Inhaltsstoffe.
- Auch die Flavonoide (Vitamin P) gehören zu den sekundären Pflanzeninhaltsstoffen. Flavonoide sind gelb, rot, blau oder violett färbende Stoffe und kommen in schwarzem Tee, Zwiebeln, Äpfeln, Kirschen und Rotwein vor. Auch rote Paprika, Chilis und Co. enthalten

Flavonoide. Sie wirken als Antioxidans und können freie Radikale, wie sie beispielsweise durch UV-Strahlung entstehen, abfangen und in verträglichere Verbindungen überführen. Sie wirken dabei zusammen mit den Vitaminen C und A.

Doch Flavonoide können noch mehr: Sie wirken, durchblutungsfördernd, entzündungshemmend, krampflösend, harntreibend, antiallergisch, wachstumshemmend auf Bakterien und Viren, sie stärken die Abwehrkräfte, unterstützen die Leber und sie haben eine Schutzwirkung gegen Krebs sowie Herz- und Kreislauferkrankungen.

Flavonoide befinden sich überwiegend in den Randschichten, weshalb man auf das Schälen oder Häuten von Früchten möglichst verzichten sollte. Vieles deutet darauf hin, dass auch die Flavonoide im natürlichen Verbund und Zusammenspiel mit anderen Pflanzenstoffen – nämlich so wie sie im Gemüse oder Obst natürlich vorkommen – die beste Wirkung entfalten. (siehe Tabelle nächste Seite.)

Vorbeugend gegen Krebs

Sekundäre Pflanzenstoffe gelten als vorbeugend gegen Krebs und andere Krankheiten. Zu den sekundären Pflanzenstoffen gehören neben den Karotinoiden auch Pflanzenphenole und -polyphenole (zum Beispiel Flavonoide), Alkyl- und Allylsulfide sowie Isothiocyanate. Chili, Paprika & Co. sind besonders reich an Karotinoiden und bedeutsam als Lieferant von Flavonoiden. Die Verfügbarkeit für den Menschen wird durch Zerkleinern, Dünsten und Pürieren erhöht. Außerdem sollte ein wenig Fett – zum Beispiel einige Tropfen Pflanzenöl – zum Gericht gegeben werden, da Karotinoide fettlöslich sind und dann besser vom Körper aufgenommen werden können.

Glücklicher mit Chilis

Unser Körper interpretiert die Schärfe der Chilis als Schmerz und schüttet Endorphine (körpereigene, morphiumähnliche Schmerzkiller) aus, wodurch sich ein Glücksempfinden einstellt. Ähnliches wird auch Schokolade nachgesagt. Bei manchen gilt die Chili-Schokolade-Kombination als Aphrodisiakum.

Rezept für einen Paprika-Powerdrink

Fruchtfleisch von drei Tomaten und einer roten Paprika pürieren, den Brei durch ein Sieb geben und den Saft mit ein paar Tropfen Limonensaft, ½ Teelöffel Olivenöl und eventuell etwas Zucker/Honig und Salz abschmecken. Wer es scharf liebt, püriert ein Stück Chilischote mit oder würzt mit ein paar Spritzern Tabasco. Wer den Powerdrink eher als Durstlöscher trinken möchte, verdünnt ihn mit stillem Mineralwasser.

Inhaltsstoffe von Chili, Paprika & Co.

(Anhaltswerte – die tatsächlichen Inhaltsstoffe sind abhängig von Sorte, Standort- und Kulturbedingungen sowie Reifegrad bei Ernte)

100 g rohe Frucht (verzehrbarer Anteil) enthalten	**Gemüsepaprika (milde Sorten)**	**Gewürzpaprika (scharfe Sorten)**
Kalorien	Grün: 14 kcal, Rot: 21 kcal	20 bis 40 kcal
Trockensubstanz	Grün: 5,5 g, Rot: 8,9 g	8 bis 10 g
Capsaicin	Bis 0,001 %	Bis 3,7 % (die Sorte 'Red Savina Habanero')
Eiweiß	1,2 g	1,8 bis 2 g
Fett	0,3 bis 0,4 g	0,2 bis 0,6 g
Kohlenhydrate	2,9 bis 5,5 g	2,9 bis 9,5 g
Ballaststoffe gesamt	1,2 bis 3,6 g	1,8 bis 3,6 g
Vitamin A (Retinol)	0,18 mg bis 0,35 mg Retinol-Äquivalent* (als Vorstufen von Vitamin A)	0,08 mg bis 0,7 mg Retinol-Äquivalent* (als Vorstufen von Vitamin A)
Vitamin B1 (Thiamin)	0,085 mg	0,09 mg
Vitamin B2 (Riboflavin)	0,05 mg	0,09 mg
Vitamin B6 (Pyridoxin)	0,27 mg	0,28 mg
Niacin	0,55 mg	0,950 mg
Vitamin C	Grün: 23 bis 140 mg, Rot: 150 bis 400 mg	240 mg
Vitamin E	0,7 mg	0,8 mg
Pantothensäure	0,036 mg	0,061 mg
Natrium mg	2 bis 3 mg	2 bis 7 mg
Kalium	195 mg	340 mg
Kalzium	10 mg	18 mg
Phosphor	22 mg	46 mg
Magnesium	12 bis 14 mg	20 bis 25 mg
Eisen	0,7 bis 1,2 mg	0,7 bis 1,2 mg
Zink	0,18 mg	0,3 mg
Mangan	0,14 mg	0,237 mg
Folsäure	60 µg	60 µg

*1 mg Retinol-Äquivalent = 6 mg all-trans-Beta-Karotin = 12 mg anderer Provitamin A-Karotinoide = 1 mg Retinol = 1,15 mg all-trans-Retinylacetat = 1,83 mg all-trans-Retinylpalmitat; 1 IE = 0,3 µg Retinol

(Quelle: Elmadfa/Aign/Muskat: Die große GU Nährwert Kalorien Tabelle 2000/2001 (2001))

Chili in der Medizin und Naturheilkunde

In der Naturheilkunde und der Medizin werden Chili, Paprika & Co. oder deren Inhaltsstoffe gegen die unterschiedlichsten Symptome und Krankheiten angewendet.

Beispielsweise zur allgemeinen Stärkung, gegen Wechseljahrbeschwerden, zur Vorbeugung und Bekämpfung von Erkältungen und Lungenentzündungen, gegen Halsschmerzen. Außerdem eingesetzt gegen Kolitis (Darmkrämpfe), Kopfschmerzen, Hämorriden, Gallenprobleme. Zur Vorbeugung von Embolien und Thrombose, zur Verbesserung der Durchblutung, gegen kalte Hände und Füße, gegen Krampfadern, gegen Appetitlosigkeit, gegen Rheumatismus, Arthritis und Rückenschmerzen, in der Schmerztherapie. Gegen Fettleibigkeit, gegen erhöhte Cholesterinwerte, vorbeugend gegen Krebs, Herzerkrankungen und Schlaganfall, zur Blutdrucksenkung und zur Verbesserung des Zuckerstoffwechsels.

Was die Wirkung auf die Migräne-Anfälligkeit betrifft, gehen die Meinungen allerdings auseinander. Die einen sagen, durch den Genuss von Chili werde die Migräne verhindert, die anderen behaupten, wer migräneanfällig ist, sollte auf scharfe Schoten verzichten. Da hilft nur Ausprobieren und Ernährungstagebuch führen, um die Reaktionen des eigenen Körpers festzustellen.

ABC-Pflaster und schmerzstillende Salben

Die bekannten ABC-Pflaster gegen Rückenschmerzen gibt es bereits seit 1928. Dabei stehen die Buchstaben A, B und C für bestimmte Wirkstoffe: **A** für Arnika, **B** für Belladonna (Tollkirsche) und **C** für Cayenne.

Tollkirsche ist in der heutigen Rezeptur nicht mehr enthalten. Arnika wirkt entzündungshemmend und gefäßerweiternd. Das im Cayenne-Extrakt enthaltene Capsaicin sorgt für die schmerzlindernde Wirkung: Es schaltet den Schmerzbotenstoff aus, gleichzeitig wird durch die stärkere Durchblutung Wärme erzeugt. Beides bewirkt eine Entkrampfung und ein Nachlassen des Schmerzes. Ähnlich wirken auch capsaicinhaltige Salben, die zum Beispiel bei arthritischen Beschwerden und bei Post-Zoster-Neuralgie (Schmerzsymptome nach Gürtelrose) eingesetzt werden.

Schmuddelwetter im Anmarsch?

Mit Paprika, viel Obst und Gemüse sowie Bewegung an frischer Luft beugt man der Erkältung vor. Doch falls man den Schnupfen bereits kommen fühlt, ist eine heiße Gemüsesuppe oder Bouillon mit reichlich Cayennepfeffer oder scharfer Soße gewürzt und Schwitzen im Bett zu empfehlen. Wenn die Erkältungskrankheit bereits ausgebrochen ist, hilft eine gemüsereiche Hühnersuppe, die auch rote Paprika enthält, schneller wieder auf die Beine zu kommen.

Service

Chili, Paprika & Co. sehen schön aus, sind einfach anzubauen und eine Gaumenfreude. Vorsicht: Wer damit anfängt, wird schnell süchtig!

Bezugsquellen (Händler)

Aromagärtnerei Deaflora
Vertrieb Saatgut nur online,
Pflanzen vor Ort
Dr.-Wolff-Straße 6, 14542 Werder
Tel.: +049 (0) 3327 571519
www.deaflora.de/Shop/Paprika/

Bingenheimer Saatgut AG
Ökologisches Saatgut
Vertrieb online, per Katalog, über
Naturkostläden
Tel.: +49 (0) 6035 1899-0
www.bingenheimersaatgut.de

Bio-Gärtnerei Christian Herb
Vertrieb online
Tel.: +49 (0) 831 93331
www.bio-kraeuter.de

Bio-Saatgut Dreschflegel GbR
Vertrieb online, per Katalog
Tel.: +49 (0) 5542 502744
www.dreschflegel-shop.de

Bio-Saatgut Gaby Krautkrämer
Vertrieb online, Telefon, vor Ort
nach Absprache
Weingartenstr. 58, 97252 Frickenhausen am Main
Tel.: +49 (0) 9331 9894 200
www.bio-saatgut.de

Chilifee Saatgut (Onlineshop)
www.chilifee.de

Chili Food Versandhandel
(Saatgut, Pflanzen, Chilisoßen)
Vertrieb online und per Katalog
Tel.: +49 (0) 6322-989482
www.chili-shop24.de

Erfurter Samen- und Pflanzenzucht GmbH
Vertrieb online und per Katalog
Postfach 1000, 99079 Erfurt
Tel.: +49 (0) 361 51015
www.gartenversandhaus.de

Pepperworld Hot Shop (Onlineshop)
(Saatgut, Pflanzen, Chilisoßen etc.)
www.pepperworldhotshop.de

Rühlemann's Kräuter & Duftpflanzen
Vertrieb online, per Post, per Telefon
Auf dem Berg 2
27367 Horstedt/ROW
Tel.: +49 (0) 4288.928558
www.kraeuter-und-duftpflanzen.de

Saatguthandel Samenchilishop
(Onlineshop)
www.samenchilishop.de

Sunpepper.de (Onlineshop)
(Saatgut, Chilisoßen etc.)
www.sunpepper.de/Chili-Produkte

Tauschgarten
www.tauschgarten.de

Bezugsquellen und Züchter

Wer darüber hinaus wissen möchte, wer der Züchter/Erhalter einer Handelssorte ist, kann das mit der Pflanzensortendatenbank (Plant Variety Database) der Europäischen Kommission im Internet, zu finden bei https://goo.gl/YxJEVd. Eine Anleitung findet man ebenfalls im Web.

Bodenuntersuchungslabors (Beispiele)

Landwirtschaftliche Untersuchungs- und Forschungsanstalt der LMS
Graf-Lippe-Str. 1, 18059 Rostock
www.lms-lufa.de

Landwirtschaftliche Untersuchungs- und Forschungsanstalt Speyer
Obere Langgasse 40
67346 Speyer
www.lufa-speyer.de

Landwirtschaftskammer Niedersachsen
Landwirtschaftliche Untersuchungs- und Forschungsanstalt Nord-West
Jägerstr. 23–27
26121 Oldenburg
www.lufa-nord-west.de

Landwirtschaftskammer Nordrhein-Westfalen
Landwirtschaftliche Untersuchungs- und Forschungsanstalt NordrheinWestfalen
Nevinghoff 40
48147 Münster (Westfalen)
www.lufa-nrw.de

Agrolab Labor GmbH Bruckberg
Dr.-Pauling-Straße 3
84079 Bruckberg
agrolab.com/de/agrolab-labor-bruckberg.html

Infos und Austausch im Web

Anleitung zur Handelssorten-Recherche
www.gartensaison-gartentipps.blogspot.de/2015/08/gemusesorten-zuechter-eu-datenbank.html

Chili-Balkon
www.chili-balkon.de

Chili-Schärfestufen und mehr
www.wildcapsicum.org

Hot Pain
www.hot-pain.de

Hypdroponik, Bioponik
www.growland.net/Hydroponische-Systeme
www.de.eurohydro.com
www.fatalii.net/Growing_chile_peppers/Hydroponics
www.youtube.com/watch?v=5fhCikwsyz4 (Video, englisch)
www.youtube.com/watch?v=Ah3zrGRmx80 (Video, englisch)

Leitfaden zur Kompostierung im Garten (HSWT)
www.hswt.de/fileadmin/Dateien/Forschung/Wissenstransfer/Freizeitgartenbau/Dokumente/leitfaden-kompostierung_zfw_2013.pdf

Nützlinge (Wissen und Shop)
www.nuetzlinge.de

Pepperworld
www.pepperworld.com

Terra Preta
www.projekt-permakultur.de/2013/08/13/terra-preta-aktueller-stand/#more-1813
www.region-hannover.bund.net/fileadmin/bundgruppen/bcmshannover/Terra_Preta/2015/23_09_2015_Broschuere_Selber_Humus_aufbauen_-_Web.pdf

Verein zur Förderung der Nutzpflanzenvielfalt
www.nutzpflanzenvielfalt.de

Bücher

Alles über Pflanzenvermehrung
Kawollek, W./Kawollek, M. (2016)
Verlag Eugen Ulmer, Stuttgart

Das große Biogarten-Buch
Heistinger, A./Noah, A. (2013)
Löwenzahn Verlag, Innsbruck

Das Kleingewächshaus – Technik und Nutzung
Schumann, E./Milicka, G. (2014)
Verlag Eugen Ulmer, Stuttgart

Tomaten für Garten & Balkon
Schumann, E. (2014)
Verlag Eugen Ulmer, Stuttgart

Bildnachweis

Africa Studio/Shutterstock.com: U4 li., S. 99
AJCespedes/Shutterstock.com: S. 84 li.
AS Food studio_Shutterstock.com: S. 115
Beermann, Andreas: S. 20
Bingenheimer Saatgut AG: S. 78 re., 82 li.
Boonsom/Shutterstock.com: S. 39
chanus/Shutterstock.com: S. 72
Feiertag, Simon; ethnobotanik.org: S. 95 li.
Flora Press/BIOSPHOTO/Alexandre Petzold: S. 79 li.
Flora Press/BIOSPHOTO/Harold Verspieren/Digitalice: S. 81 li.
Flora Press/Flowerphotos/Sue Kennedy: Titelbild
Flora Press/gartenfoto.at: S. 53
Flora Press/GWI: S. 80 li., 89 li. (3), 104
Flora Press/MAP: S. 78 li.
Flora Press/Martin Hughes-Jones: S. 30, S. 89 re.
Flora Press/Royal Horticultural Society: U4 Mi., S. 43, 85 re.
Flora Press/Visions: S. 17, 79 re., 80 re.
Harald Zoschke – chili-barbecue.de: S. 14
Hatch Chile Festival: S. 12
Herb, Christian; Biogärtnerei Kempten: S. 82 re.
kitty/Shutterstock.com: S. 110
kokkodrillo/Shutterstock.com: S. 86 re.
Knöß, Hans-Georg: S. 81 re.
mauritius images: U4 li., S. 7, 8, 9, 18, 19, 42, 62, 65 li., 66 li., 66 re., 85 li., 86 li., 87 re., 88 li., 88 re., 91 li., 91 re., 92 re., 95 re., 106/107, 108/109, 116
Oxana Denezhkina/Shutterstock.com: S. 96/97
photo courtesy of Johnny's Selected Seeds, jonnyseeds.com: S. 90 li.
Prädel, Jens; www.schoenetomaten.de: S. 83 li.
Rühlemann's Kräuter und Duftpflanzen: S. 90 re.
Schäfer, Stefan; chili-shop.org: S. 92 li.
Scharnberg, Tobias; gartenleben.org: S. 83 re.
Schumann, Eva: S. 26, 28, 31, 37, 38, 41, 44, 47, 48, 49, 51, 55, 56, 59, 60, 76/77, 93 li., 93 re., 94 li., 94 re., 103
Sperli GmbH: S. 84 re.
Strauss, Friedrich: S. 4/5, 24/25, 52, 58
successo images/Shutterstock.com: S. 122
Teubner Foodfoto: S. 101
Thompson & Morgan: S. 87 li.
Vietmeier, Andreas: S. 65 re.

Die Zeichnungen auf S. 33, 35 fertige Helmuth Flubacher an.

Schnell nachgeschlagen

Impressum

Die in diesem Buch enthaltenen Empfehlungen und Angaben sind von der Autorin mit größter Sorgfalt zusammengestellt und geprüft worden. Eine Garantie für die Richtigkeit der Angaben kann aber nicht gegeben werden. Autorin und Verlag übernehmen keine Haftung für Schäden und Unfälle. Bitte setzen Sie bei der Anwendung der in diesem Buch enthaltenen Empfehlungen Ihr persönliches Urteilsvermögen ein.
Der Verlag Eugen Ulmer und die Autorin sind nicht verantwortlich für die Inhalte der im Buch genannten Websites.

Bibliografische Information der Deutschen Nationalbibliothek
Die Deutsche Nationalbibliothek verzeichnet diese Publikation in der Deutschen Nationalbibliografie; detaillierte bibliografische Daten sind im Internet über http://dnb.d-nb.de abrufbar.

Wollgrasweg 41, 70599 Stuttgart (Hohenheim)
E-Mail: info@ulmer.de
Internet: www.ulmer-verlag.de
Lektorat: Alessandra Kreibaum, Dr. Manuela Göhner
Herstellung: Isabell Scherrieble
Umschlagentwurf, Innenlayout und Satz: red.sign, Stuttgart: Anette Vogt, Susanne Junker
Druck und Bindung: Firmengruppe APPL, aprinta Druck, Wemding
Printed in Germany

ISBN 978-3-8186-0071-6